R与Python的数据分析核心技巧

——能源化学数据挖掘及可视化实战

李宇春　李梓昕　编著

化学工业出版社

·北京·

内容简介

《R与Python的数据分析核心技巧——能源化学数据挖掘及可视化实战》从数据挖掘、数据分析及可视化、建模及诊断的角度，以案例结构化的方法，在能源化学、能源环境应用工程的基础上，重点围绕超临界火电金属材料、核电蒸汽发生器水质、能源环境颗粒物、酸雨指标探讨，例如数据信息分析、大数据挖掘、数据信息可视化、模型建立及诊断等。本书分为7章，分别是“R从安装到实战准备”“Python从安装到实战准备”“能源领域的核心金属材料的性能分析”“水质净化工程的ORP数据分析”“能源环境的颗粒物、酸雨指标的数据挖掘”“能源大气的AQI数据可视化实战”及“数据回归拟合预测一体化实战”。

《R与Python的数据分析核心技巧——能源化学数据挖掘及可视化实战》是专业性相对较强的科技读物，由于其内容涉及复杂的计算机软件、智能、数据挖掘及可视化等知识体系，读者不仅需要掌握“相对基础”的能源化学、能源工程、电力、数统、智能算法等专业知识，还需要掌握若干复杂的开源平台及软件应用（如Linux平台，R、Python、SwiProlog等开源软件）作为阅读本书的基础；为了让读者能快速实现书中相应功能，绝大部分分析图都附了相应软件开发的核心代码。

本书既可供硕士研究生、博士研究生使用，也可供科研工作者使用；另外，对于科技爱好者或对书中特定环节感兴趣的读者，本书亦颇具参考价值。

图书在版编目（CIP）数据

R与Python的数据分析核心技巧：能源化学数据挖掘及可视化实战/李宇春，李梓昕编著.—北京：化学工业出版社，2023.3

ISBN 978-7-122-43117-2

Ⅰ.①R…　Ⅱ.①李…②李…　Ⅲ.①能源－应用化学－数据采集　Ⅳ.①TK01-39

中国国家版本馆CIP数据核字（2023）第045449号

责任编辑：李　琰　宋林青

责任校对：边　涛　　　　装帧设计：韩　飞

出版发行：化学工业出版社（北京市东城区青年湖南街13号　邮政编码100011）

印　　装：北京天宇星印刷厂

787mm×1092mm　1/16　印张6　字数126千字　2023年6月北京第1版第1次印刷

购书咨询：010-64518888　　　　售后服务：010-64518899

网　　址：http://www.cip.com.cn

凡购买本书，如有缺损质量问题，本社销售中心负责调换。

定　　价：88.00元

前 言

《R与Python的数据分析核心技巧——能源化学数据挖掘及可视化实战》探讨了能源化学及其相关领域的核心设施及特种金属材料的数据挖掘，书中结合R、Python两大数据分析软件，以呈现“数据信息可视化”的方式探讨了能源化学及环境领域的核心数据的分析过程，包括氧化还原电位数据监测体系、能源领域大气化学指标体系、能源大气的AQI体系、能源领域核心设施的运行指标综合体系等；最后，从数据回归、建模、拟合、预测的角度探讨Python的一体化实战过程。

本书共分为7章，李宇春负责完成第1、3~6章，李梓昕负责完成第2、7章。第1、2章分别讨论R、Python从安装到开始正常使用的过程，有针对性地介绍了与实战相关的软件关键技术；第3章从能源领域的核心金属材料入手，通过对金属材料的性能测试、表征和评估，对其服役状态及寿命进行探讨分析；第4章从超临界火电锅炉、核电蒸汽发生器、超高压直流输电换流阀冷却水质评估的角度，分析讨论氧化还原电位（ORP）的数据信息状态及各因子相关性；第5、6章分别以R、Python探讨能源领域大气酸雨化学指标、颗粒物、大气AQI等问题，阐述各数据体系的数据挖掘分析及可视化过程的实现；第7章从Python实战应用的角度实现一体化的集成分析。

在本书编著的过程中，获得长沙理工大学“十三五”专业综合改革试点项目——应用化学专业的大力支持，在此表示衷心的感谢；另外，本书得到很多朋友的大力支持，感谢当初一起合作的张芳、林木松、杨晓焱、陈训洋、余菲、蒋娅、刘晓伟、庞飞飞、吴青华、王兴平、刘子涵、史静文、易奇玲、郝敏、李娜等朋友。

由于作者的水平能力有限，撰写该书的时间仓促，书中难免有疏漏及不足之处，望读者不吝批评指正。

编著者

2023年2月于云塘

目 录

第1章 R从安装到实战准备

R 语言是一套完整的数据处理、计算和制图软件系统。其功能包括：数据存储和处理系统；数组运算工具（其向量、矩阵运算功能尤其强大）；完整连贯的统计分析工具；优秀的统计制图功能；简便而强大的编程语言，可实现数据的输入和输出，可实现分支、循环，用户可自定义功能。

R 语言不仅仅是一个统计软件，还是一种数学计算的环境。R 语言的核心思想是：它可以提供一些集成的统计工具，还可以提供各种内置函数，可直接调用，从而让使用者能灵活地进行数据分析，甚至创建和使用符合需要的函数，即用户定义的函数。

R 语言有 UNIX、LINUX、MacOS 和 WINDOWS 版本，都可以免费下载和使用。R 语言的主要网站是 http：//www. r-project. org，从该网站可以下载 R 语言的安装程序、各种支持程序和文档；另外，在 R 的安装程序中只默认包含了 8 个基础模块，其它外在模块可以通过 CRAN 获得，CRAN 的网址是 http：//cran. r-project. org。

R 语言的安装、运行、使用比较容易，可以通过 RStudio 平台熟悉该软件。同时，R 语言也是一种脚本语言，必须对其相对复杂的指令、参数等内容充分熟悉。

1.1 R4. 1. 2 的安装

R4. 1. 2 的安装过程如下。

（1）图 1. 1 给出了运行安装程序 R-4. 1. 2-win. exe 的显示界面，可以选择安装时使用语言。

（2）显示 GNU 及证书界面，可以选择下一步。

（3）选择安装路径，如图 1. 2 所示。

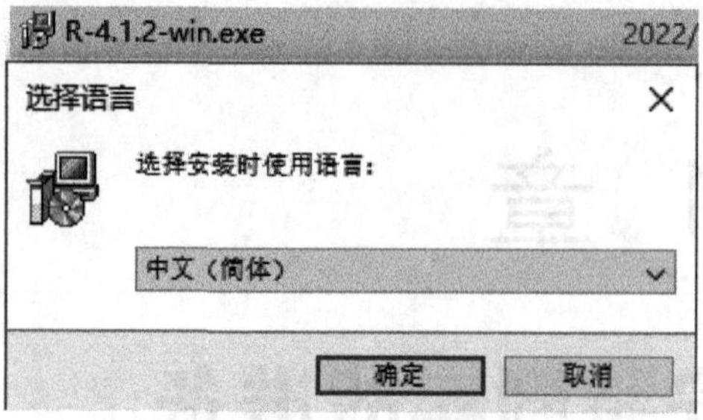

图 1.1　安装 R-4.1.2 的语言选择

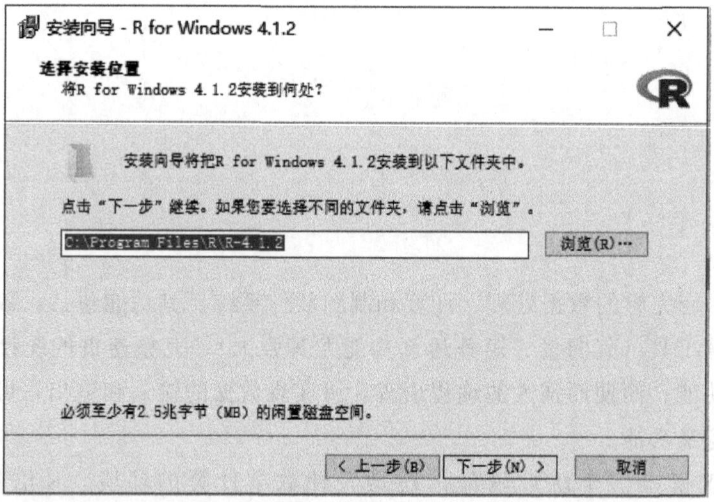

图 1.2　安装 R-4.1.2 的路径设置

（4）后面的安装步骤选择默认选项即可；安装完成后，在电脑桌面显示 R 软件的图标，打开 R 的界面如图 1.3 所示。

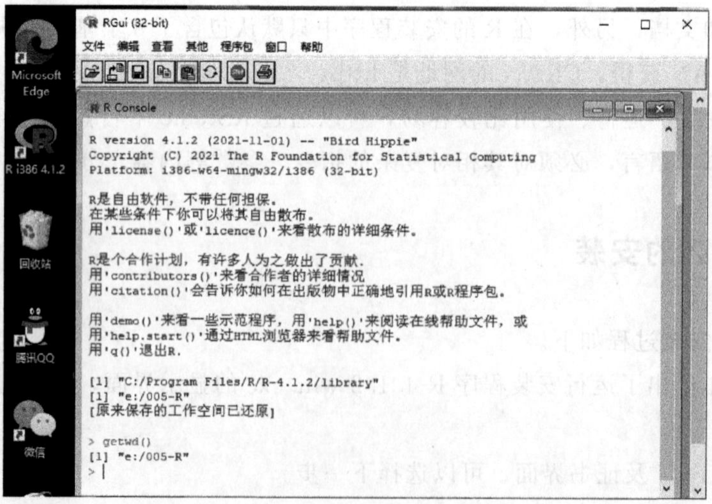

图 1.3　R-4.1.2 的初始运行界面

1.2　R 软件启用后的基本操作

R 软件启动后，需要熟悉两项基本操作：设置工作目录和退出软件的方法。

1.2.1　设置 R 的工作目录

查询当前工作目录的指令是：getwd（　　），含义就是 get working directory；该指令必须输入（　　）后回车，才有效。

如果系统默认的工作目录不合适，可以采取下面两种方法设置工作目录。

第一种方法，属于临时方法，即每次运行后只能用一次；一旦退出 R 软件之后再次启动，其工作目录又“变”回原样。

更改指令是：setwd（　　）

举例说明：

```
setwd('e://005-R')
```

执行成功后，可以再次调用 getwd（　　）指令查看结果。

第二种方法，属于永久有效的方法；该方法需要更改 R 的配置文件 Rprofile.site，该文件是 R 启动时必须载入的配置文件，所以更改成功后，就可以一直有效。

该文件可以用 Windows 系统的记事本程序打开，对其进行编辑，添加更改指令 setwd（　　）；

在 R 软件的安装位置，例如：C:\Program Files\R\R-4.1.2，找到 etc 子目录，就可以找到 Rprofile.site 文件并进行编辑。

1.2.2　退出 R 软件的方法

第一种方法，选择主界面菜单“文件”，打开后选择其中的“退出”选项即可。

第二种方法，R 的主界面是一个交互界面模式，是一种解释型的编程语言，输入指令之后马上就可以显示结果；无需写出一个代码文件，再去编译、运行才能出结果。

退出 R 软件的指令就是：q（　　），输完后回车，即可退出软件。

1.3　快速熟悉 R 的常用指令

为了尽快掌握 R 语言，需要先掌握 R 软件的三个指令是：dir（　　）、data（　　）、demo（　　）。

1.3.1　data（　　）指令的强大功能

图 1.4 给出了执行 dir（　　）、data（　　）指令后的界面。dir（　　）指令显示出当前目录的文件。data（　　）指令的含义是调出 R 系统已经载入的数据集，执行后会弹

出一个窗口，该窗口会列出已经载入系统的默认数据集。R的优势就是数据处理，该指令提供了充足的数据来源。

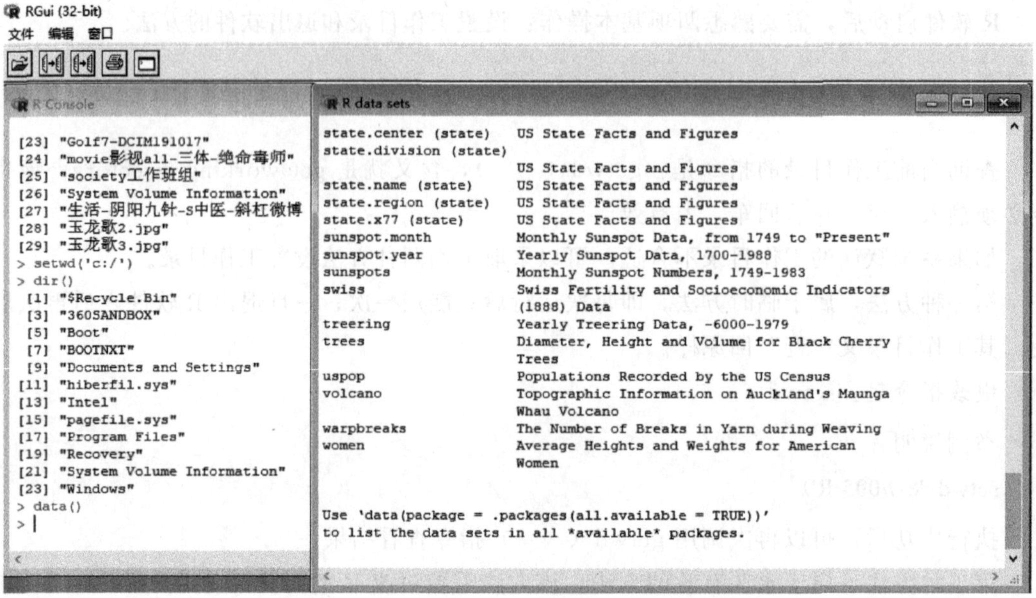

图 1.4　执行 dir（　　）、data（　　）指令后的界面

由图1.4可知，R系统内置的数据集很多，每个数据集都给出了介绍说明，例如swiss数据集指瑞士生育率和社会经济指标（1888年）数据。如图1.5所示，在交互界面输入swiss，就可以显示该数据集的内容了。

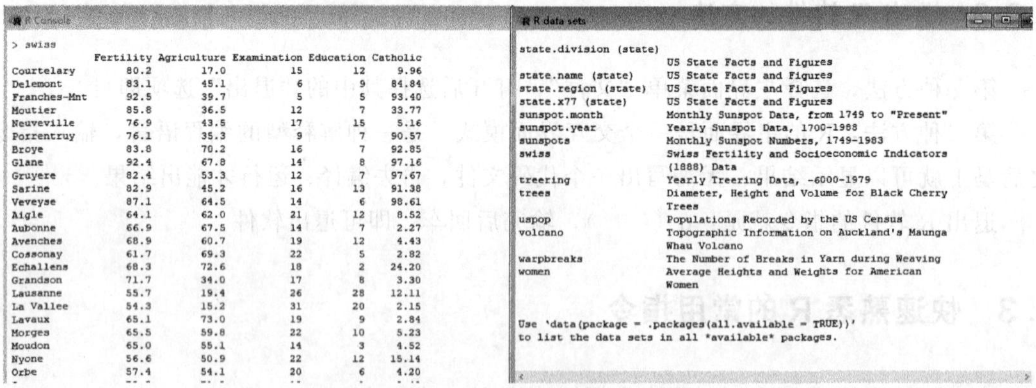

图 1.5　显示 R 系统内置的数据集 swiss

1.3.2　demo（　　）指令的功能

图1.6给出了执行demo（　　）指令后的效果界面，执行后弹出一个窗口，显示系

统自带的 demo 程序，运行这些程序可以了解 R 软件的功能，从而加快读者对该软件的熟悉。

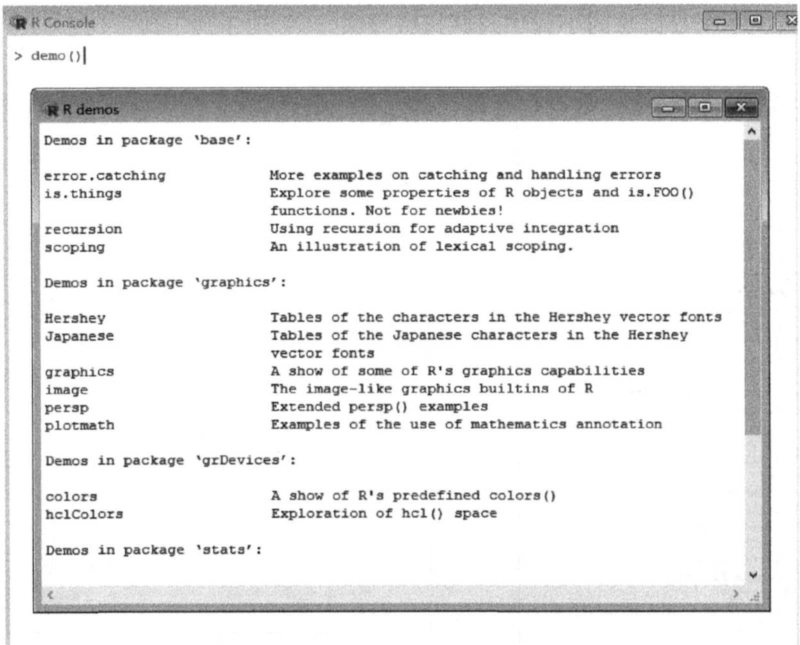

图 1.6 执行 demo（　　）指令后的效果界面

以 colors 示范程序为例来说明，运行指令如下：

demo(colors)

执行后，需要用户不断点回车键，自动执行若干功能；图 1.7 给出了执行过程的一个阶段。

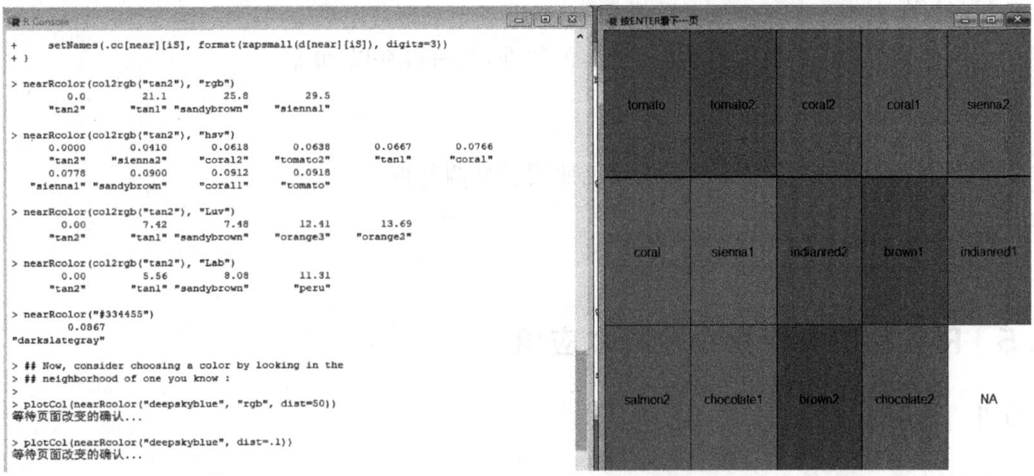

图 1.7　执行 demo（colors）后的显示界面

1.4 编写程序实例

图 1.8 给出一个最简易的小程序及其执行界面。

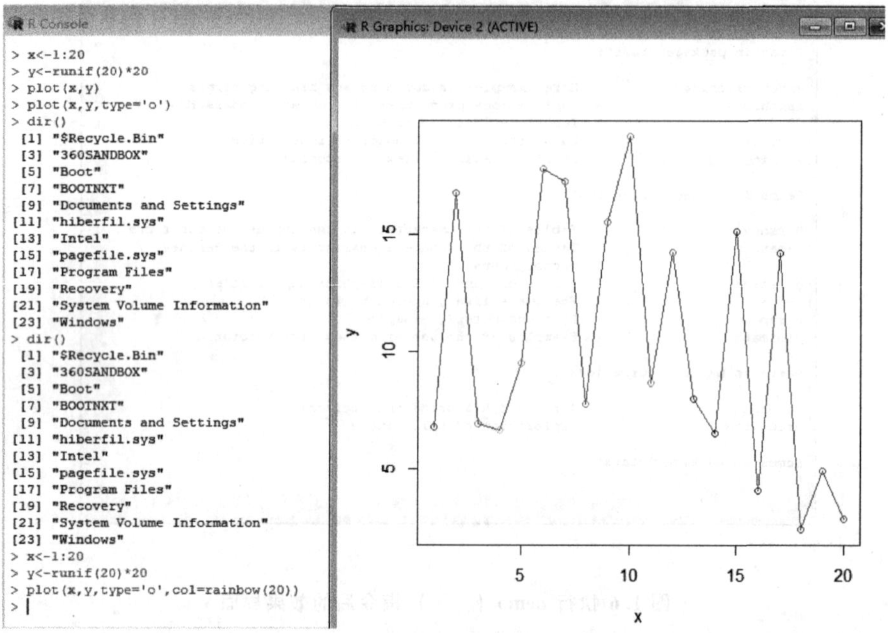

图 1.8　简易小程序及其执行界面

代码实现如下：

```
# 产生 1 到 20 的整数数组
x<-1:20
# 产生 20 个 0~1 范围内的均匀分布的数据,然后再乘以 20 倍
y<-runif(20)*20
# 绘出 x,y 的点线图,数据点的颜色使用彩虹调色板
plot(x,y,type= 'o',col=rainbow(20))
```

1.5 R 软件的常用指令及脚本应用

1.5.1 常用指令

(1) R 语言常用的系统指令

library ( )：查看当前可用包

library（x）：载入包 x

citation（x）：查看包 x 的引用信息

search（　）：查看已载入的包

remove. package（"x"）：取消包 x 的安装（卸载包 x）

ls（　）：查看 workplace 中的所有变量

ls（pat="m"）：列出在名称中带有字符 m 的对象（pat 代表 pattern）

ls（pat="^m"）：列出在名称中以字符 m 开头的对象

ls. str（　）：显示内存中所有对象的详细信息

（2）R 语言常用的数据分析指令

class（　）查看数据类型

mode（x）；查看/设置 x 的数据类型

storage. mode（x）：查看/设置 x 的存储类型

typeof（x）：查看 x 的存储类型

names（x）：查看/设置 x 中各元素的名字（按列），名字可作为下标访问

letters：数组常量，元素为"a""b""c"…"z"

LETTERS：数组常量，元素为"A""B""C"…"Z"

is. vector（　）、is. function（　）、is. array（　）…判断是否是向量/函数/数组…

unique（x）：删除 x 中重复元素（or duplicated row of a matrix or data. frame）后的剩余元素

order（x）：对值排序（从小到大）后的 x 元素原索引

dataframeX [order（dataframeX $ colname）]：对 data. frameX 按其 colname 列有序（升序）重排

（3）R 语言常用的运算及相关指令

cumsum（　）：累计求和

cumprod（　）：连乘积

cummin（　）：按照降序排列

cummax（　）：按照升序排列

t（x）：求 x 的转置 x'

求 n!：factorial（n），prod（1：n），gamma（n+1）

quantile（x）：求 x 向量的 0%、25%、50%、75%、100%等 5 个分位数值

length（x）：求/设置 x 的长度（所含元素个数）

dim（x）：求/设置 x 各维的长度，结果维数组

str（x）：给出 x 的信息

summary（x）：求 x（变量，data. frame 或是 cbind 的结果）的 Min（最小值）、1st Qu（第一四分位数）、Median（中位数）、Mean（均值）、3rd Qu（第三四分位数）、Max（最大值），除了 mean（平均值），其余的和 quantile 相同

range（x）：求x的下界（最小值）和上界（最大值），即x的范围

cut（x，breaks，labels＝NULL，include. lowest＝FALSE，right＝TRUE，dig. lab＝3，ordered _ result＝FALSE）：按分隔点（由breaks指定）把x分成段，将x由numeric转换为factor

rnorm（n，mean＝0，sd＝1）＃正态分布；n为数量；mean为均指；sd为标准差

runif（n，min＝0，max＝1）＃均匀分布；n为数量；最小值、最大值

（4）R语言常用的绘图指令

plot（　　）：最基本的绘图函数

points（　　）：点

lines（　　）：线

polygon（　　）：多边形

hist（　　）：直方图

plot函数是用得最多的函数，其相关参数解释如下：

```
plot(x=mtcars$wt,
     y=mtcars$mpg,
     type= "o",#线型
     main= "标题",
     sub= "子标题",
     xlab= "x轴",
     ylab= "y轴",
     asp=0. 1)      #y/x的比例,y轴数值长度与x轴数值长度的比值
```

点"p" for points,
线"l" for lines,
点线"b" for both,
点线图去掉点"c" for the lines part alone of "b",
覆盖式的点线"o" for both 'overplotted',
类似直方图"h" for 'histogram' like (or 'high-density') vertical lines,
楼梯状"s" for stair steps,
楼梯状"S" for other steps,
不显示"n" for no plotting.

1.5.2 脚本及其应用

由于R语言IDE采用解释型编译器机制，代码逐行执行会带来效率偏低的问题。为

了提高编程效率，必须尽快熟练使用脚本文件。

R 语言的脚本就是代码文件，脚本可以记录 R 语言代码并以专用的格式扩展名（ *.R）保存。

图 1.9 就是脚本文件配合 IDE 执行的案例。该图由三部分组成，左侧为 IDE 交互窗口，右侧为结果输出图形区域，中间为脚本文件区域。

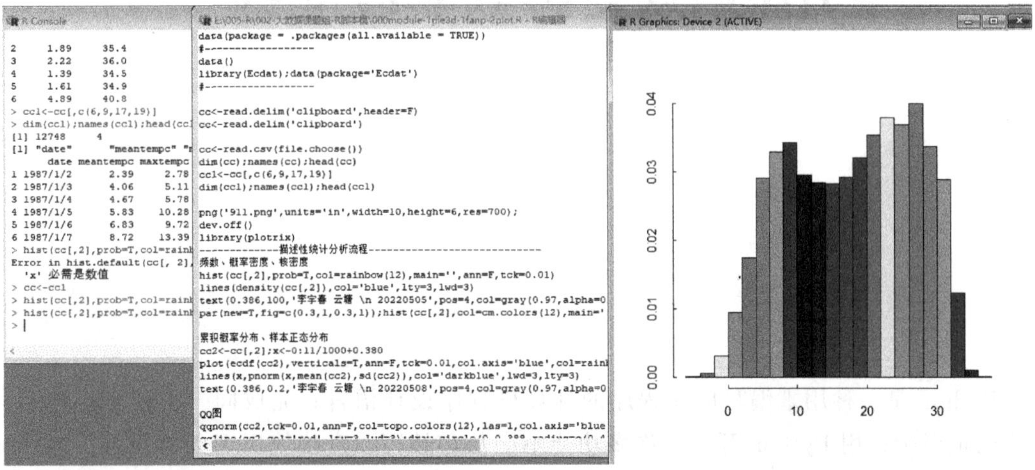

图 1.9　R 软件脚本文件配合 IDE 执行的界面显示

在所有软件开发编程环境中，关于编译器与代码文件之间的传递调用，R 语言的实现是最优秀的。

R 语言调用脚本代码的执行机制高效、准确，而且可以做到随意控制；做好这个衔接工作，基本上不用在 IDE 输入什么指令，只需不停调用即可；甚至指令代码的修改，都可以在脚本文件中高效进行，这是因为脚本文件和 IDE 之间的“无缝链接”非常成功。

举例说明，要在 IDE 输入某行指令：cc<-read. csv(file. choose(　　))

在操作上，直接把鼠标移到脚本文件，把鼠标光标移到含有该代码的行，然后，只要按下 ctrl ＋ R 键，指令就传递到了 IDE，立即执行。

如果要执行多行的脚本代码，把鼠标移到脚本文件，把鼠标光标下拉，选择包含代码的若干行（必须是连续的行），然后，按下 ctrl＋R 键，就可以迅速执行。

第2章

Python从安装到实战准备

Python是一种用来编写应用程序的计算机程序设计语言；完成同一个任务，Python的代码量很少；用Python开发，许多功能不必从零编写，直接使用现成的即可。Python提供了非常完善的基础代码库，覆盖了网络、文件、GUI、数据库、文本等大量内容，被形象地称作“内置电池（batteries included）”。

除了内置的库外，Python还有大量的第三方库，可以直接载入、使用。

Python的上述特点使其已经普遍应用在各行各业。通过本书的学习，可以快速掌握数据分析相关的核心技能。

2.1 安装前必须知道的事

2.1.1 Python版本知识

Python由Guido van Rossum于1989年底发明。截至目前，基于此项技术的网站和软件项目已经有了数千个。

Python 2.0于2000年10月16日发布；Python 3.0于2008年12月3日发布，此版不完全兼容之前的Python源代码。两个系统分别运行，而且相互独立，在功能上不是完全兼容。

目前官方不再维护Python 2.0版本，从2020年1月开始，Python 2.7.18版本之后，就不再有网络的服务支持了；初学者（包括已经在学习的）至少从3.6版本开始学习Python。

目前，Python 3.0已经更新到3.11版本。

2.1.2 Python的优点

Python的优点：简单、免费、兼容性好、面向对象及超丰富的函数库。

对于一些从未写过代码的人来说，Python 的代码简洁易懂。也正是因为这个原因，与其他语言相比，python 语言更友好；另外，Python 编写的程序可维护性很高，从商业角度来看，这可以很大程度地在降低开发成本的同时提高程序员的生产力。

2.1.3　Python 语言的功能

Python 除了可以进行数据分析、数据处理建模、曲线拟合及预测、专家诊断之外，还可以在网络爬虫、Web 程序开发、桌面程序开发、科学计算图像处理、人工智能等领域中发挥巨大作用。

2.2　Python 的安装

2.2.1　Python 3.10.4 版本的安装

在浏览器网址中输入 https://www.python.org/，打开 Python 官网，双击下载的安装包，运行成功后会弹出界面。在该界面上，一定要勾选添加 path 路径的选项；其次，如果想要自定义安装，可以选择选项“Customize installation”。然后，设置 Python 软件安装的位置。

安装完成后，可以打开 dos 控制台，输入“python”后点击回车，如果运行成功并且显示“>>>”提示符，表明安装正确。

2.2.2　Python 库模块

Python 软件提供的内置库不多，如图 2.1 所示；而且要实现的绝大部分功能，都需要另外安装相应的库模块。

Python内置的20个常用模块			
os	sys	time	datetime
random	subprocess	hashlib	json
pickle	shutil	configparser	yaml
itertools	re	calendar	math
uuid	Queue	logging	copy

图 2.1　Python 的内置库模块列表

最需要安装的典型库模块有 Pandas、Numpy 及 Matplotlib，但是这些库模块的安装并不容易。

2.2.3　Python 库模块的安装

为了成功安装配套支持库模块，必须严格做到下面的要求：

① 使用Python 3.6以后的版本，操作系统必须配套使用Windows 8及以上版本，建议直接升级到Windows 10版本，否则无法成功安装软件。

② 需要转到指令行终端模式，即cmd程序窗口，更新pip，指令如下。

pip install--upgrade pip

③ 一定要安装Visual Studio 2019软件包，除了要安装VS生成工具，还必须选择window 10 SDK，VS的安装过程界面如图2.2所示。

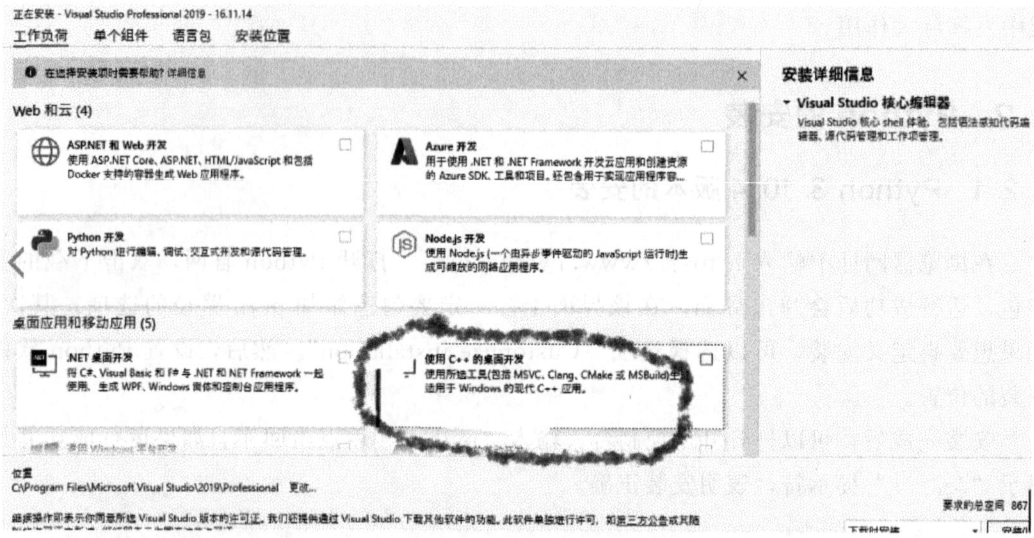

图2.2 VS 2019的安装界面

④ 从镜像下载库的源文件，以免因为网络不通畅产生延时问题而影响安装；下面给出清华大学、豆瓣的镜像网址。

pip install -i https：//pypi. tuna. tsinghua. edu. cn/simple **** /requests

pip install -i https：//pypi. douban. com/simple ****

⑤ 安装python的过程中，必须选择for all user选项。

确保勾选了“Install launcher for all users（为所有用户执行安装）”和“Add Python to PATH（将Python添加到环境目录中）”并选择“Customize installation（自定义安装）”。

在下一个视图“Optional Features”中选择需要添加的东西，不过请确保“pip”和“Pylauncher（for all users）”是勾选的；pip是Python的包管理器，可以很方便地安装Python包。

在接下来的“Advanced Options”中确保勾选了“Add Python to environment variables”，同时建议修改一下安装目录，比如使用“E：\ Python310 \”，这样在需要时可以很方便得找到Python的安装目录。

⑥ 不习惯使用IDLE的用户，可以另外安装Anaconda软件。该软件包括了python和很多常见的软件库和一个包管理器conda；常见的科学计算类的库都包含在内，使得安装比常规python安装要容易，并且不需要再去安装上述的三个库模块了。

2.3 Pandas、 Numpy、 Matplotlib 库模块简介

2.3.1 Pandas 库

Pandas 是使用 Python 语言开发的用于数据处理和数据分析的第三方库。它擅长处理数字型数据和时间序列数据，当然文本型的数据也能轻松处理。

Pandas 可以轻松应对日常工作中的各种表格数据处理需求，还可应用在金融、统计、数理研究、物理计算、社会科学、工程等领域。

Pandas 可以实现复杂的处理逻辑，这些往往是 Excel 等工具无法完成的，还可以实现自动化、批量化，免去我们在处理相同的大量数据时的重复工作。

Pandas 可以实现非常震撼的可视化效果，对接众多可视化库，可以实现动态数据交互效果。

2.3.2 Numpy 库

Numpy（Numerical Python）是 Python 的一种开源的数值计算扩展。这种工具可用来存储和处理大型矩阵，比 Python 自身的嵌套列表（nested list structure）结构要高效得多［该结构也可以用来表示矩阵（matrix）］，支持大量的维度数组与矩阵运算，此外也针对数组运算提供大量的数学函数库。

Numpy 最重要的一个特点是其 N 维数组对象 ndarray，它是一系列同类型数据的集合，以 0 下标为开始进行集合中元素的索引。ndarray 对象是用于存放同类型元素的多维数组。ndarray 中的每个元素在内存中都有相同存储大小的区域。

2.3.3 Matplotlib 库

Matplotlib 是一个 Python 的 2D 绘图库，它以各种硬拷贝格式和跨平台的交互式环境生成出版质量级别的图形。Matplotlib 库由各种可视化库构成，内部结构复杂，受 Matlab 启发。Matplotlib. pyplot 是绘制各类可视化图形的指令子库，相当于快捷方式。

作为 Python 的绘图库，Matplotlib 可与 Numpy 一起使用，提供了一种有效的 MatLab 开源替代方案。

通过 Matplotlib，开发者可以仅需要几行代码，便可以生成直方图、功率谱图、条形图、散点图等。

Matplotlib 是提供数据绘图功能的第三方库，其 pyplot 子库主要用于实现各种数据展示图形的绘制；该库一般使用 import matplotlib. pyplot as plt 来引用。

2.4 Python 的编程实例

2.4.1 Python 的起步

Python 的起步相对 R 语言来说，要复杂得多。

不管什么情况，首先一定要载入库模块。

在 Python 里，指令 print(os. getcwd( )) 返回当前的目录路径，但是，如果直接输入这个指令，软件就会报错，因为 Python 不知道 os 是什么。所以，需要先载入库，而且不管是否为内置库，都需要声明。

而 os 就是一个内置库模块，下段代码把最常用的库模块一起声明了。

代码实现：

```
import matplotlib. pyplot as plt

import numpy as np

import pandas as pd

import os,sys

from tkinter import filedialog
```

2.4.2 一个最简单的 Python 程序

以“九九乘法表”为例，用 Python 来实现时，“九九乘法表”的代码比较简单，而且不需要调用任何库模块就能实现，涉及的函数也只有 range ( )。显示结果如图 2.3 所示。

```
============= RESTART: E:/004-Py3.10.4/20220511-start/002-4九九算法表.py =======
=====
1x1= 1
1x2= 2   2x2= 4
1x3= 3   2x3= 6   3x3= 9
1x4= 4   2x4= 8   3x4= 12  4x4= 16
1x5= 5   2x5= 10  3x5= 15  4x5= 20  5x5= 25
1x6= 6   2x6= 12  3x6= 18  4x6= 24  5x6= 30  6x6= 36
1x7= 7   2x7= 14  3x7= 21  4x7= 28  5x7= 35  6x7= 42  7x7= 49
1x8= 8   2x8= 16  3x8= 24  4x8= 32  5x8= 40  6x8= 48  7x8= 56  8x8= 64
1x9= 9   2x9= 18  3x9= 27  4x9= 36  5x9= 45  6x9= 54  7x9= 63  8x9= 72  9x9= 81
```

图 2.3 “九九乘法表”的 Python 实现

代码实现：

```
for y in range(1,10):
    for x in range(1,y+1):
        print('%dx%d=%d'%(x,y,x*y),end=' ')
    print('')
```

2.5　Python 的常用指令

2.5.1　常用函数指令

type（　　）函数：查询对象的类型

input（　　）函数：函数接受一个标准输入数据，返回为 string 类型

range（　　）函数：用于构造一个从［start，stop）（不包含 stop）之间的连续的不可变的整数序列对象

isdigit（　　）函数：所有字符都是数字，一般用于判断字符串是否为数字

count（　　）函数：计算一个字符出现的次数 print(a. count("a"))

len（　　）函数：用于获取容器对象中的元素个数

upper（　　）函数：所有字母大写

lower（　　）函数：所有字母小写

swapcase（　　）函数：大写变小写，小写变大写

replace（　　）函数：替换字符串 print(a. replace("as","QQ"))

split（　　）函数：分割（可以指定分割元素与次数）print(a. split("a"))

rsplit（　　）函数：从右向左分割 print（a. rsplit("a",1)）＃＃ 分割 1 次

reversed（　　）函数：反转序列对象，你可以将字符串进行反转，将列表进行反转，将元组反转

Random（　　）函数：返回随机生成的一个实数，它在［0，1）范围内。

os. listdir（path）：列出目录下的文件

os. getcwd（　　）：获取当前工作目录

os. chdir（newdir）：改变工作目录

os. makedirs（r"c:\python\test"）：创建多级目录

os. mkdir（"test"）：创建单个目录

os. system（'calc'）：执行操作系统指令，打开计算机程序

2.5.2　常用的一些代码段指令

（1）打开 csv 文件

import pandas as pd

df＝pd. read_csv(r'data/data. csv')

（2）dataframe index 重新排序

data＝df. sort _ index（axis＝0，ascending＝False）

（3）dataframe 按照某一列进行升序或者降序排列

data＝df. sort（［'date'］，ascending＝True 升序，False 降序）

（4）dataframe 的 index 重新从 0 开始

data=data. reset _ index（drop=True）

（5）画横坐标是日期的图

import matplotlib. pyplot as plt

x=data［‘date’］＃日期是字符串形式

y=data［‘close price’］

plt. plot _ date（x，y）

（6）求标准差

import numpy as np

np. std

（7）下取整、上取整

import math

math. floor

上取整：math. ceil

（8）值排序

data. order（　）

（9）差分

data. diff（1）＃一阶差分

（10）获取当前程序运行的时间

from time import time

time1=time（　）

****

time2=time（　）

print（time2-time1）

（11）进度条

import sys，time

for i in range（10）：

sys. stdout. write（"+"）

sys. stdout. flush（　）

time. sleep（0. 5）

（12）进度条方法 2

import time

for i in range（10）：

print('》',end='',flush=True)

time. sleep（0. 5）

（13）集合的运算处理

a=set（［1，2，3，4，5］）

b=set（［4，5，6，7，8］）

#交集 &

print（a. intersection（b））同 print（a&b）

#并集 |

print（a. union（b））同 print（a | b）

#差集

print（a. difference（b））同 print（a-b）

#反向差集

print（a. symmetric _ difference（b））同 print（a^b）

#超级（父集）

print（a. issuperset（b））同 print（a<b）

#子集>返回布尔值

print（a. issubset（b））同 print（b>a）

第3章 能源领域的核心金属材料的性能分析——基于R

3.1 超临界锅炉水冷壁管T23合金材料的性能评估

3.1.1 超临界锅炉水冷壁管材料

火电厂锅炉“四管”在运行过程中会因冲刷介质的磨损、气体和盐类的腐蚀减薄而导致爆管，该问题一直是火电厂被迫停机的主要原因。其中以水冷壁管腐蚀而产生的爆管最为严重，成为火电厂安全生产的主要隐患。

水冷壁管腐蚀主要来自两个方面：一方面，管内水或蒸汽在紊流或湍流状态下会因高速流体、温度、化学环境的相互影响促进碳钢和低合金钢表面氧化保护层的溶解，导致水冷壁管腐蚀破坏；另一方面，管外高温烟气的辐射和对流作用使管壁升温，加上飞灰和燃烧煤粉颗粒冲击管壁、烟气中的S、V、Cl与沉积在管壁的盐类等物质一起腐蚀管壁。

火电站水冷壁管传统使用的钢种是碳素钢和Cr-Mo合金钢，Cr的含量均低于20%；该合金表面不能形成稳定而致密的保护性氧化膜Cr_2O_3，如果处在硫化、沉积物、熔融盐工况时，将不可避免地会引起水冷壁腐蚀破坏。

而一些改良型铁素体、奥氏体耐热钢以其优异的热强性、抗高温氧化、耐蚀性及良好焊接工艺性受到了普遍关注，并相继得到国际权威机构认证；这些钢材在当今超临界、超超临界机组厚壁及高温部件中得到越来越广泛的应用，体现出越来越重要的价值。改良型铁素体渐渐兴起，在超临界及超超临界机组中发挥着重要作用，在此情况下，T23合金应运而生。

3.1.2 T23合金的特点

T23合金是日本住友金属工业株式会社开发的一种新型2.25Cr-1.6W-V-Nb耐热钢，属于低碳微合金化的控轧钢和细晶粒钢，它是在T22（2.25Cr-1Mo）钢的基础上吸取

Mo、W 复合固溶强化和 V、Nb、Ni、B 等微量元素析出强化的优点改良而成的。依赖于这些特殊元素的加入以及合适的热处理（正火＋回火、淬火＋回火等），T23 钢的强度和许用应力都有了很大提高。

T23 合金的室温强度和冲击韧性比 G102 好，热耐蚀性和抗高温氧化能力与 T22 相比没有多少差别，而且具有优良的焊接性能，在焊接前后无须热处理，性价比高。T23 钢的使用范围为：最高使用温度不可超过 600℃，可代替 T22、10CrMo910、12CrMoV 和 G102 用于制造大型亚临界电站锅炉的过热器和再热器，是水冷壁、低温过热器等部件的首选材料，如图 3.1 所示。

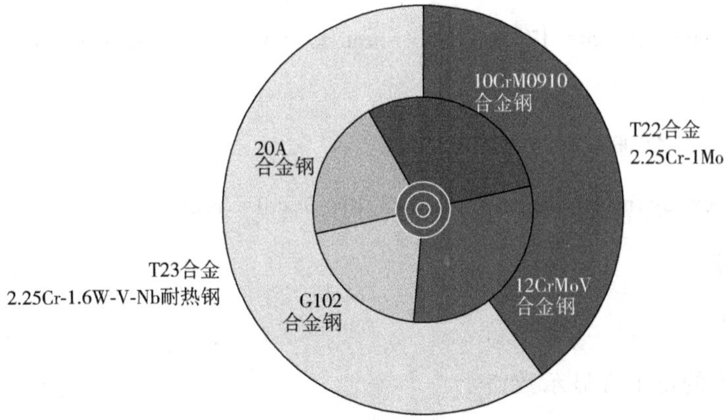

图 3.1　与其它几种合金相比，T23 合金是水冷壁、低温过热器的首选材料

3.1.3　T23 合金不同 pH 值的耐蚀率分析

在含有氯离子、硫酸根、硫代硫酸根的溶液中，对 T23 合金在 10℃、不同 pH 值条件下进行 Tafel 极化测试，得到的腐蚀速率如图 3.2 所示。

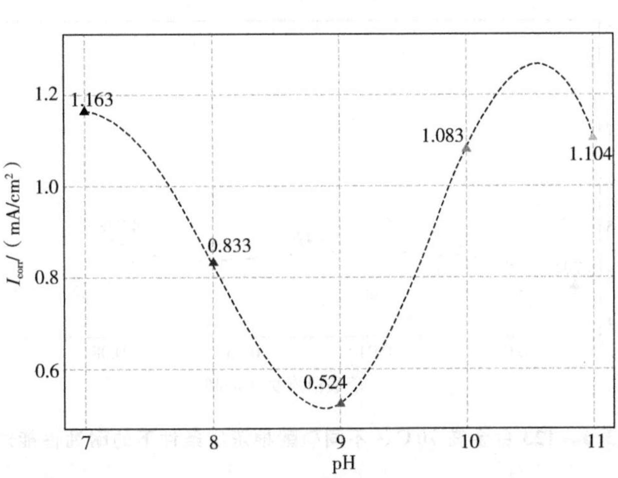

图 3.2　T23 合金在 10℃、不同 pH 值条件下的耐蚀性能对比

图 3.2 横坐标代表 pH 值、纵坐标代表腐蚀的速度，单位是μA/cm^2；由该图可知随着 pH 值的增加，I_{corr}先减小后增大，在 pH=9 时，该值对应的曲线出现拐点。

而在 pH≥10 后，碱性环境会加快电极材料表面的腐蚀；所以，pH=9 为 T23 合金的最佳耐蚀点；在最佳耐蚀情况下对 T23 材料进行腐蚀研究，对工程应用有非常有益的指导作用。

代码实现：

```
cx<-c(7,8,9,10,111);cy<-c(1.163,0.833,0.524,1.083,1.104)
# 绘制点图,参数 type= 'p'控制绘制的形式为数据点
plot(cx,cy,type= 'p',pch= 17,cex=2,col=heat.colors(5),las=1,tck=0.01,xlab= 'pH',ylab= 'i,uA/cm^2')
# 增加数据点,使曲线更加平滑
sp<-spline(cx,cy,n=50);lines(sp,lwd=3,lty=3,col= 'red')
# 添加网格线
grid(  )
# 在数据点的正上方显示数值
text(cx,cy,cy,pos=3,col= 'blue',cex=1.4)
```

3.1.4 T23 合金在不同硫酸根浓度条件下的耐蚀率分析

对 T23 合金在 70℃、不同硫酸根浓度条件下进行 Tafel 极化测试，得到的腐蚀速率如图 3.3。

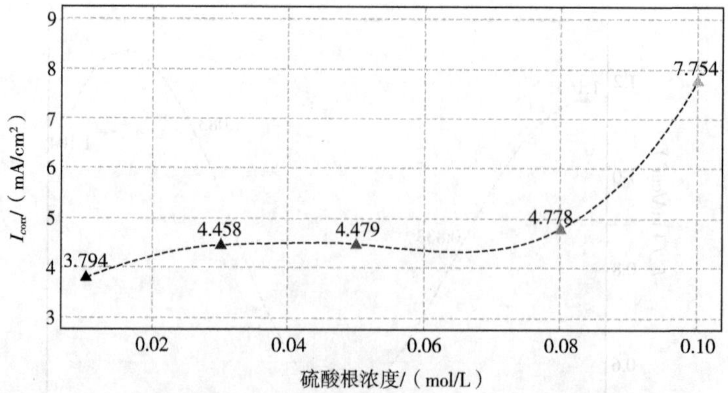

图 3.3 T23 合金在 70℃、不同硫酸根浓度条件下的耐蚀性能对比

由图可知：随着硫酸根浓度的增大，T23 合金的腐蚀速率逐渐增大，由 0.01mol/L 的 3.794mA/cm² 增加大 0.1mol/L 的 7.754mA/cm²。

代码实现：

```
cx<-c(0.01,0.03,0.05,0.08,0.1);cy<-c(3.794,4.458,4.479,4.778,7.754)
plot(cx,cy,type= 'p',pch=17,cex=2,ylim=c(3,9),col=heat.colors(5),las=1,tck=
0.01,xlab='硫酸根浓度,mol/L',ylab='i,mA/cm^2')
sp<-spline(cx,cy,n=50);lines(sp,lwd=3,lty=3,col='red')
grid( );text(cx,cy,cy,pos=3,col='blue',cex=1.4)
```

其中，R 的 spline 函数 smooth.spline（　　）提供了数据光滑样条插值处理方案；spline 函数对给定数据点执行多次（或 Hermite）样条插值，从而可以得到非常平滑的曲线。

3.1.5　T23 合金在不同温度条件下的耐蚀性能分析

对 T23 合金在 60℃，80℃，100℃，120℃，150℃以及 0.2mol/L 硫酸根、0.2mol/L 氯离子浓度条件下进行耐腐蚀挂片测试，得到的耐蚀性能对比如图 3.4。

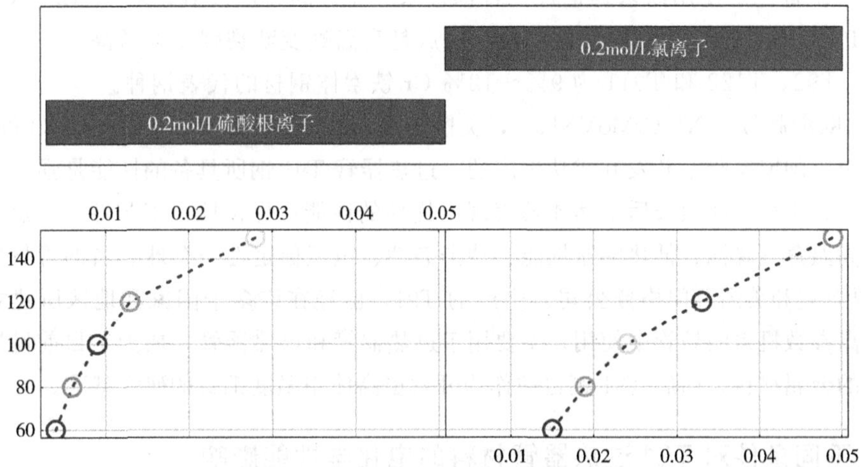

图 3.4　T23 合金在不同温度、0.2mol/L 硫酸根及氯离子浓度条件下的耐蚀性能对比

代码实现：

```
corr<-data.frame(x1=x1,x2=x2,y=y);dim(corr);head(corr)
par(tck=0.01,las=1,col.axis='purple')
coplot(x1~y| x2,col=topo.colors(5),cex=3,type='o',lty=3,lwd=3,bar.bg=c(fac="red"))
```

由图3.4可知：随着温度的升高，T23合金在0.2mol/L硫酸根及氯离子浓度溶液中的腐蚀速度均增大，其中氯离子溶液的腐蚀速度更大；同等温度条件下，氯离子溶液中的腐蚀速度是硫酸根溶液中的腐蚀速度的1.75～3.75倍，具体倍率分布如表3.1所示。

表3.1 T23合金在60～150℃范围内不同溶液中的腐蚀速度对比

单位：mg/（cm^2·h）

温度/℃	60	80	100	120	150
氯离子溶液中的腐蚀速度	0.015	0.019	0.024	0.033	0.049
硫酸根溶液中的腐蚀速度	0.004	0.006	0.009	0.013	0.028
倍率（Cl^-/SO_4^{2-}）	3.75	3.17	2.67	2.54	1.75
倍率归一化	1.00	0.71	0.46	0.39	0

3.2 高参数火电机组过热器管T91材料的性能评估

3.2.1 高参数火电机组过热器管材料

欧美国家及日本对9%～12% Cr铁素体材料的钢材研究技术已经趋于成熟，世界上许多火电机组都广泛使用该系列钢种，且都带来了良好的经济效益；9%～12% Cr铁素体钢材与TP300系奥氏体不锈钢相比较，其优点是高温蠕变断裂强度非常高。

T91、T92、T122和T911为9%～12% Cr铁素体钢材的代表钢种。

T91（欧洲牌号为X10CrMoVNb9-1，美国为ASME SA-213 T91/P91）是20世纪80年代美国橡树岭国家实验室开发并成功生产的。过热器管T91钢所具备的性能是强持久性和强抗蠕变性能。服役时间很长后仍然能够表现出优异的性能：焊接性、工艺性、导热性能、抗氧化、抗高温蒸气腐蚀、低热膨胀性能、冲击韧性、组织稳定性。全球有名的管材生产厂家（法国瓦鲁海克和美国万门格登公司）生产的T91，已经在许多个国家和地区所建立的火电发电站的高参数机组的炉管中使用，主要用于过热器管和再热器管，成为了目前世界上炉管应用最多的金属材料，而后T91钢也被作为开发更高使用温度钢材的研究基准。

3.2.2 不同条件对T91过热器管材料的电化学性能影响

不同温度（图中用tt表示）、不同pH值对T91材料的性能影响明显，腐蚀速度I的影响情况如图3.5所示。

代码实现：

```
attach(cc)
coplot(pH~i| tt* pH,col=heat. colors(8),cex=3,type='o',lty=3,lwd=3,
+ number=6,bar. bg=c(num='red'))
```

由图可知：T91 合金在不同温度、不同 pH 条件下的 I 值对比矩阵图共 18 个子图，其中三个纵列分别代表温度范围为 20～30℃、30～40℃、40～50℃的阶段，而每个纵列不同的行代表着不同的 pH 范围分布，由下向上的 pH 范围分别是 7～8、7～9、8～9、9～10、9～11、10～11。

随着温度的升高，T91 合金的腐蚀速度增大；在所有温度条件下，pH 为 9 时的腐蚀速度 I 值均最小，充分证明了 pH 值为 9 时，T91 合金的腐蚀速度最低。

不同温度、不同 pH 值对 T91 材料的腐蚀电位 E 的影响如图 3.6 所示。

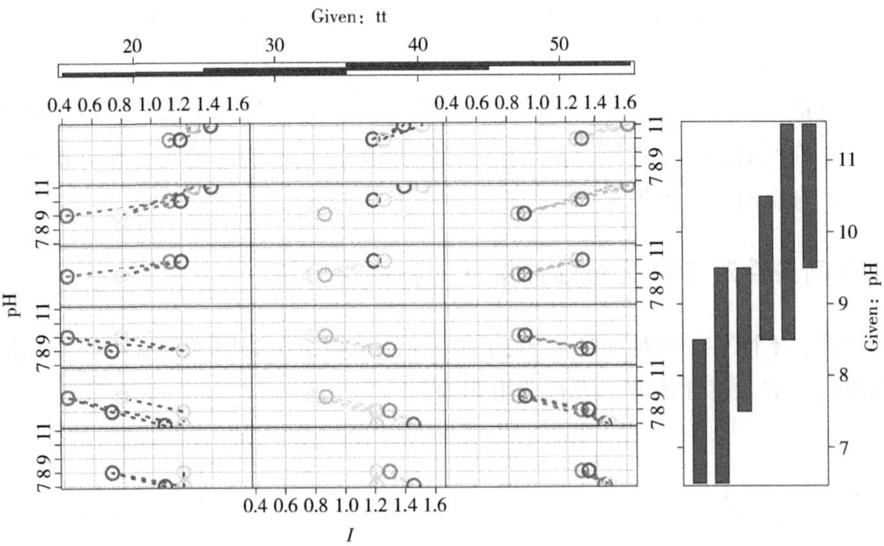

图 3.5　T91 合金在不同温度、不同 pH 条件下的 I 值对比

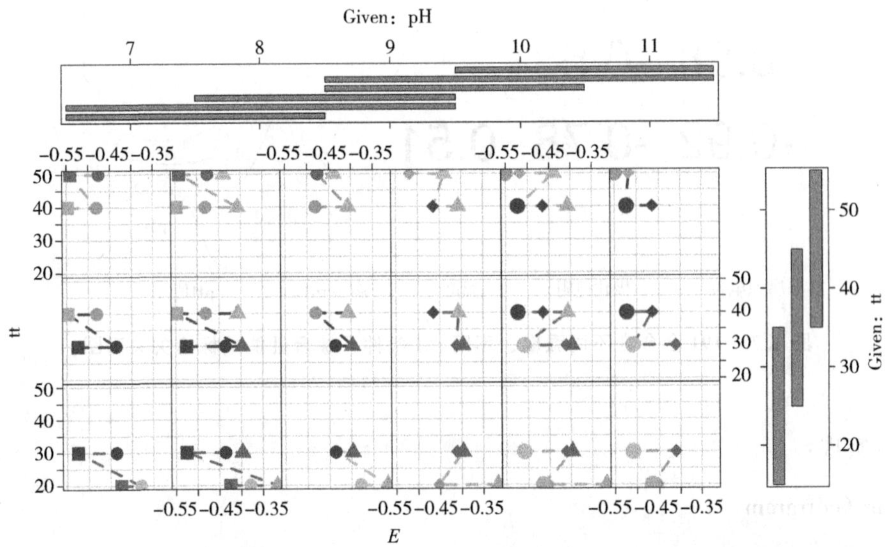

图 3.6　T91 合金在不同温度、不同 pH 条件下的 E 值对比

代码实现：

```
attach(cc)
coplot(tt~E| pH* tt,col=rainbow(8),cex=3,type= 'o',lty=2,pch=15:19,
lwd=3,number=6,bar. bg=c(num= 'violet'))
```

由图可知：T91 合金在不同温度、不同 pH 条件下的 E 值对比矩阵图共 18 个子图，其中六个纵列代表 pH 范围，从左到右分别是 7～8、7～9、8～9、9～10、9～11、10～11 的阶段；而每个纵列不同的行代表着不同的温度范围，从下到上分别为 20～30℃、30～40℃、40～50℃的阶段。

随着温度的升高，T91 合金的腐蚀电位逐渐降低，更容易发生腐蚀，导致材料损坏的可能性增大；在所有温度条件下，pH 为 9 时的腐蚀速度 E 值均最高，充分证明了 pH 值为 9 时，T91 合金的腐蚀速度最低。

3.2.3 不同条件对 T91 合金性能指标的相关性分析

不同温度、不同 pH 值对 T91 材料的综合性能影响情况如图 3.7 所示，综合性能指标包括：腐蚀电位 E、腐蚀速度 I 及极化电阻 R_p。

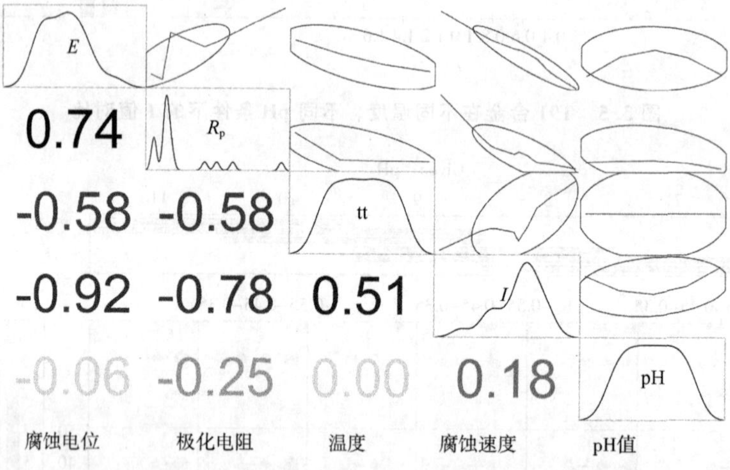

图 3.7 T91 合金在不同温度、不同 pH 条件下综合性能指标相关关系图

代码实现：

```
library(corrgram)
corrgram(cc, order = T, lower. panel = panel. cor, upper. panel = panel. ellipse, diag. panel =
panel. density)
```

```
mtext(paste(c('腐蚀电位','极化电阻','温度','腐蚀速度','pH 值'),
'              ',collapse=''),side=1,cex=1.6,line=-1.5,
outer=TRUE,xpd=NA,col= 'green')
```

3.3　超临界火电机组 FGD 系统材料性能评估

超临界火电机组的石灰石-石膏湿法烟气脱硫系统（FGD，flue gas desulfurization ）中，存在着复杂的腐蚀环境场合。

3.3.1　FGD 吸收塔入口的特种材料

超临界火电机组的石灰石-石膏湿法烟气脱硫系统的吸收塔入口，由于烟道引入锅炉原烟气与吸收塔中的浆液接触，从而会形成干/湿交界面，由于高温烟气蒸发，该区域的沉积物不断浓聚，形成高浓度的盐溶液、低 pH 值的恶劣腐蚀环境。

由于该处的环境较为恶劣，一般选用耐蚀合金作为防腐材料，如镍基合金、超级奥氏体不锈钢。该区域中最为广泛使用的镍基合金是 C 级合金，包括合金 C-276、C-22TM、59TM、622TM、686TM 等，一些超临界电厂也采用超级奥氏体不锈钢 1.4529 作为进口烟道的防腐材料。

耐点蚀和耐缝隙腐蚀能力可以根据合金成分，用耐点蚀当量值（PREN，pitting resistance equivalent number）来表示；具有较高的 PREN 的金属在局部耐腐蚀方面的表现要强于较低 PREN 的金属；通常来说，PREN 值大于 32 的金属可耐海水腐蚀。

图 3.8 给出了十种合金材料的点蚀当量值对比情况。

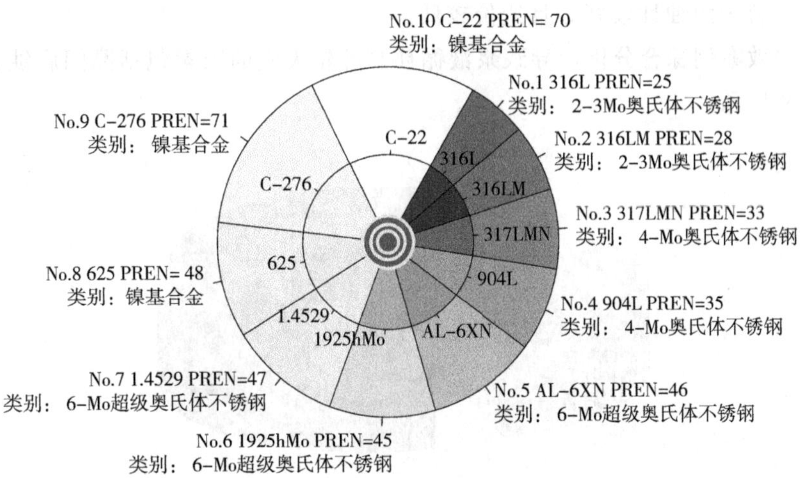

图 3.8　十种合金材料的点蚀当量值对比

由图可知：超级奥氏体不锈钢的平均点蚀当量值为46，比普通奥氏体不锈钢的点蚀当量值要高出11～21，优势很明显；而镍基合金的点蚀当量值更高，其平均值达到63，具有非常强的耐点蚀能力。

代码实现：

```
library(plotrix)
pie(cc,col=heat. colors(10,alpha=0. 75),init. angle=60,clockwise=T,radius=0. 8,paste
('No. ',1:10,names(cc),'PREN=',cc,'\ n 类别:',cclei))
text(0,0,'合金',col=rgb(0,0,0. 4,alpha=0. 04),cex=25)
par(new=T);pie(cc,col=topo. colors(10,alpha=0. 65),init. angle=60,clockwise=T,
radius=0. 4,label=paste(names(cc)))
draw. circle(0,0,radius=c(0. 12,0. 08,0. 05),col='red',border='gold',lwd=3)
```

3.3.2 FGD泵叶轮材料的寿命影响因素分析

在FGD系统中，脱硫浆液量很大，要求浆液循环泵的流量大，叶轮转速快，过高的转速在叶轮的外缘会产生向外的应力，致使叶轮橡胶剥离；因此，在选择橡胶时，要考虑它的耐磨性，可以选用氯丁橡胶等性能优良的橡胶，若在吸收塔中无法将大颗粒排除在泵外或者电厂要降低由使用胶衬叶轮而导致的突然失效的危险时，可以使用硬金属合金制成的叶轮。

有些厂家曾采用合金1.4462、904L等作为浆液循环泵的过流部件的材料，但其耐磨性较差，一般运行3000～4000h后会出现严重的腐蚀；现在常用的有1.4529、UB6、CD4MCn、1.4468等高铬含量的金属，目前许多厂家也开发新型的金属材料，如沃曼公司的A49、A51合金耐蚀性较好，且造价较低。

经实际失效案例综合分析，导致浆液循环泵叶轮失效的因素包括晶间腐蚀、磨蚀及汽蚀。如图3.9所示。

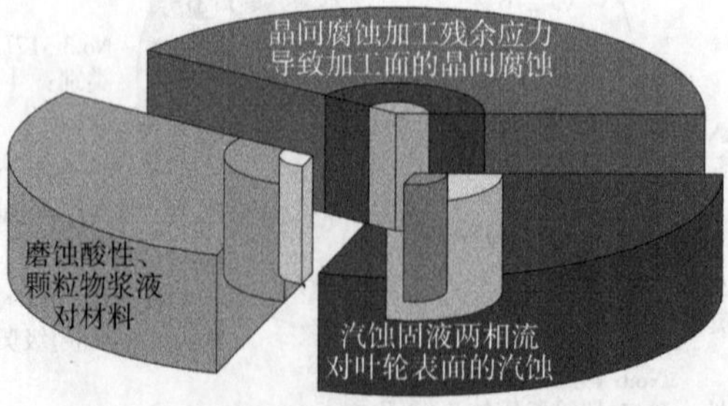

图3.9 FGD浆液循环泵叶轮失效的因素

代码实现：

```
library(plotrix)
pie3D(cc, radius= 1. 4, height= 0. 26, labels= paste('No. ', 1: 3, names(cc), '\ n', cc1),
explode=0. 3, col=rainbow(3))
par(new=T);pie3D(cc, radius=0. 4, height= 0. 26, labels='', explode= 0. 3, col= topo. colors
(3))
par(new=T);pie3D(cc, radius=0. 15, height=0. 26, labels='', explode= 0. 3, col= cm. colors
(3))
```

浆液循环泵叶轮失效三因素——晶间腐蚀、磨蚀及汽蚀，其机理如图 3.10 所示。

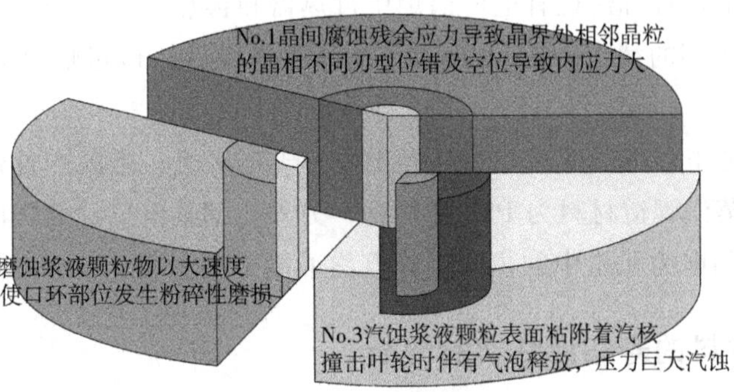

图 3.10　FGD 浆液循环泵叶轮失效三因素的机理

3.4　超临界火电机组耐高温管 P92 材料的性能评估

3.4.1　超临界火电机组耐高温管材料

P92 耐热钢的主要成分是 9Cr-1.8W-0.5Mo-V-Nb，它是由日本和欧洲的科研人员在 T91 钢基础上改进开发出的一种具有更高蠕变断裂强度和更高适用温度的 9Cr 型 F/M 类钢。在成分上，P92 耐热钢在 T91 钢的基础上添加了一定量（1.5%～2%）的 W 元素，适当地减少了 Mo 元素的含量。

P92 耐热钢由于其优良的性能，已被美国 ASME 批准在工业锅炉、压力容器和电厂管道中使用。它是目前国内外超临界和超超临界电力机组过热器、再热器和主蒸汽管道的理想选材，可适用蒸汽温度高达 625℃。

P92 钢与 T91 相比较，具有以下优点：

(1) P92 钢具有比 T91 钢更高的高温蠕变断裂强度，P92 钢的常温强度和高温强度均高于 T91 钢，根据各国测试结果，按照 ASME 标准估算出在 550℃、600℃和 625℃等不同温度下放置 10 万小时，P92 钢的蠕变断裂强度分别为 199MPa、131MPa 和 101MPa，而T91钢在相应温度下的蠕变断裂强度分别为141MPa、98MPa和68MPa，从而可以明显地看到P92钢的高温蠕变强度比T91钢高很多；

（2）P92钢具有良好的物理性能，P92钢的线膨胀系数与T91钢相同，低于奥氏体钢，甚至还低于P22钢的线膨胀系数，故P92钢在机组启动和停止时，抗疲劳损伤的能力不仅会优于奥氏体钢，而且会比P22钢强，P92钢的热导率与T91钢相同，比奥氏体钢高；

（3）P92钢具有优良的抗氧化性能，P92钢的抗烟灰氧化和抗水蒸气氧化的能力和T91钢大致相同，经过测试显示：P92钢与T91钢在600℃、700℃下3000小时的水蒸气中形成的氧化皮厚度大致相同；

（4）P92钢具有优良的常温冲击韧性，P92钢不仅具有比传统钢明显优越的高温性能，而且有优异的常温韧度，它和T91钢的情况大致相同。

P92耐热钢主要用于超超临界机组中极苛刻蒸汽条件下的主蒸汽管道、过热蒸汽管道和再热蒸汽管道中，且替代现有电厂锅炉中过热器和再热器部位的耐热钢材料。在过去几年，P92作为T91钢的替代品应用于美国新建的超临界、超超临界火电机组的例子极其常见。

在我国，华能玉环电厂两台超超临界100万千瓦机组，是国产首台百万千瓦超超临界燃煤机组，其主蒸汽管道材料为P92耐热钢；另外，邹县电厂、北疆电厂、潮州超超临界1000MW机组等的电力机组中的主蒸汽管道均采用P92材料。

3.4.2 P92材料的寿命评估实验分析

对P92材料进行600℃的高温试验，试验之前在P92材料表面涂抹不同浓度的硫酸钠盐溶液，观察试验前后材料试样的损耗数据；试验数据如表3.2所示。

表3.2 P92材料在60～150℃范围内不同浓度硫酸钠盐溶液中的腐蚀速度对比

单位：mg/（cm^2·h）

高温时间/h	涂盐浓度		
	1mg/cm^2	2mg/cm^2	4mg/cm^2
1	0.006	0.0056	0.0095
2	0.0096	0.0105	0.0129
3	0.0119	0.0134	0.0152
4	0.0147	0.016	0.0172
5	0.0162	0.0174	0.0185
6	0.0183	0.0192	0.0198
7	0.0191	0.0207	0.021
8	0.0205	0.0219	0.0219
9	0.0214	0.0227	0.0229

续表

高温时间/h	涂盐浓度		
	1mg/cm²	2mg/cm²	4mg/cm²
10	0.0222	0.0241	0.0237
11	0.023	0.025	0.0254
12	0.024	0.0267	0.0266
13	0.0248	0.0277	0.0275
14	0.0255	0.0285	0.0286
15	0.0256	0.0289	0.0291

图 3.11 给出了上述试验的数据直观对比情况；由图可知：随着高温时间的延长，P92 材料的损耗量增大；而且，涂盐量越大，P92 材料损耗值也越大。

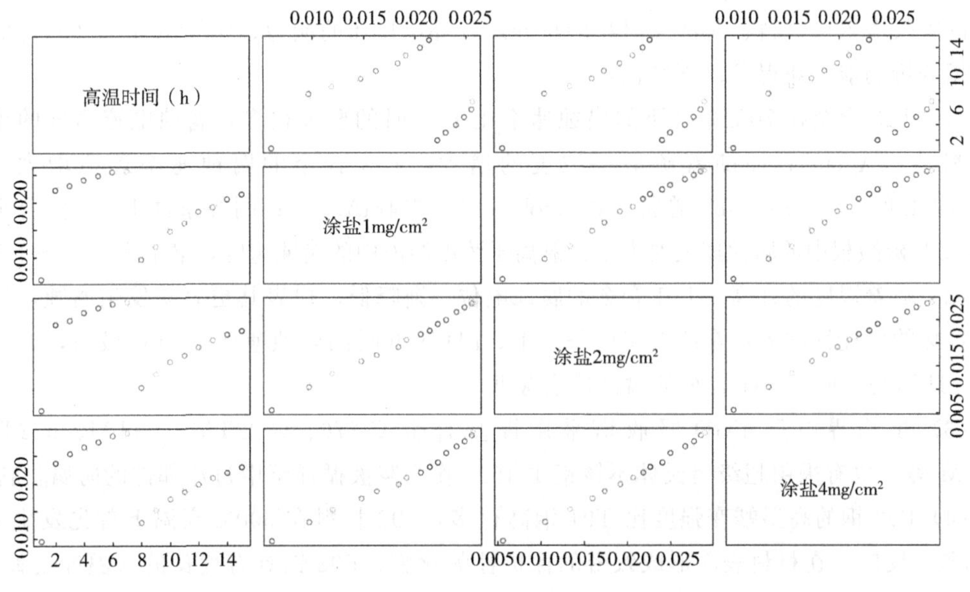

图 3.11　涂盐 P92 材料的 600℃ 高温试验效果对比

当硫酸钠涂盐量为 1～4mg/cm² 时，试样表面变为铁锈色，未发生明显的脱皮、破裂现象；涂硫酸钠的试样经过高温测试后表面出现均匀致密的黑色氧化腐蚀层；出现上述现象的原因是，在热腐蚀过程中，P92 材料在 600℃ 高温下首先发生 Fe、Cr 的氧化反应，在材料表面形成致密的保护性氧化膜。

但涂盐中的硫酸根能够降低基体 Cr 含量，形成贫 Cr 区，从而使材料表面氧化膜的连续性和致密性受到严重影响。

不同涂盐量之间的损耗数据的相关系数对比如图 3.12 所示。硫酸钠涂盐量为 1mg/cm² 与 2mg/cm² 时的相关系数为 0.9975，相关程度最高；硫酸钠涂盐量为 2mg/cm² 与 4mg/cm²

时的相关系数为0.9970，相关程度次高；硫酸钠涂盐量为$1mg/cm^2$与$4mg/cm^2$时的相关系数为0.9922，相关程度最低。

```
> cor(cc[,2:4])
              涂盐1mg/cm²   涂盐2mg/cm²   涂盐4mg/cm²
涂盐1mg/cm²   1.0000000     0.9975246     0.9921916
涂盐2mg/cm²   0.9975246     1.0000000     0.9970387
涂盐4mg/cm²   0.9921916     0.9970387     1.0000000
```

图3.12　不同涂盐量的P92材料的损耗数据的相关系数对比

3.5　本章小结

针对能源领域最主要的火力发电体系，结合主流的超临界机组系统，本章探讨了锅炉水冷壁管材T23合金材料、过热器管材T91合金材料、耐高热合金P92合金材料及FGD系统的吸收塔入口材料、浆液泵材料的抗介质及环境损坏的能力；结合R 4.1.2软件的强大数据分析功能，获得了以下结论：

（1）T23合金在70℃条件下的腐蚀速率比10℃时的要大很多，腐蚀电流密度的单位量级都是mA/cm^2；而随着硫酸根浓度的增大，T23合金的腐蚀速率逐渐增大，由0.01mol/L的$3.794mA/cm^2$增加大0.1mol/L的$7.754mA/cm^2$；同等条件下，T23合金在0.2mol/L硫酸根中的腐蚀速度要大于在氯离子浓度溶液中的腐蚀速度，倍率为1.75～3.75。

（2）随着温度的升高，T91合金的腐蚀电位逐渐降低，代表其更容易发生腐蚀，导致材料损坏的可能性增大；在所有温度条件下，pH为9时的腐蚀速度E值均最高，充分证明了pH值为9时，T91合金的腐蚀速度最低。

（3）超临界电厂FGD吸收塔采用镍基合金C-276、C-22TM、59TM、622TM、686TM等，也有采用超级奥氏体不锈钢1.4529作为浆液循环泵中过流部件的防腐材料。

（4）P92钢的高温蠕变强度比T91钢高很多，P92材料在600℃高温下首先发生Fe、Cr的氧化反应，在材料表面形成致密的保护性氧化膜；P92钢具有优良的常温冲击韧性，P92钢不仅具有比传统钢明显优越的高温性能，而且还有优异的常温韧度。

致谢：R Core Team（2021）. R：A language and environment for statistical computing. R Foundation for Statistical Computing，Vienna，Austria. URL https：//www. R-project. org/.

第 4 章 水质净化工程的ORP数据分析——基于R

氧化还原电位（ORP，oxidation reduction potential）是指由贵金属（铂或金）指示电极、标准参比电极和被测溶液组成的原电池的电动势，是溶液氧化性或还原性相对程度的表征。

氧化还原电位也可以指氧化还原反应中反应物得失电子的能力。ORP 是液体中指示电极的氧化还原电位与比较电极的氧化还原电位的差，可以对整个系统的氧化还原状态给出一个综合指标。

4.1 氧化还原电位的意义及评价方法

4.1.1 氧化还原电位的意义

能源领域的核电、火电机组参数大，水质要求高，ORP 监测技术可以满足新形势条件下的更高要求。目前，电厂中应用 ORP 监测技术优化给水、控制腐蚀逐步成为一个新兴的研究领域；ORP 的监控可为水汽品质的监督提供强有力的保证，在热力系统中实时监测水汽环境氧化还原电位，相对于现有水汽监督方法有更高的准确度和灵敏度，特别是对 O_2 及 N_2H_4 的浓度变化响应迅速。

同时，ORP 也能够直观反馈给水管道腐蚀状态的最关键信息，协助透彻分析水质的影响因素及相关水平，尤其是在 ORP 测量出现大的波动的情况下，对电厂的安全稳定可靠运行有极大的意义。

核电厂、火力发电厂给水处理的主要目的是控制给水系统的全面腐蚀和流动加速腐蚀(FAC)，保证给水中铁、铜含量合格，除了可以减少给水带入锅炉的腐蚀产物和其他杂质之外，也可以防止采用给水作为减温水时引起过热器、再热器和汽轮机的积盐。ORP 可以反映水体系中所有物质表现出的总体氧化还原性，能提供给水系统与腐蚀有关的各种单独的参数信息，能够简单、有效地防止腐蚀的发生与发展，同时也能及时发现腐蚀迹象。

近年来，ORP在线监测已成为废水处理精细化控制领域的重要研究内容和发展方向。以氧化还原电位作为过程的综合性监测指标，以达到控制所需能源以及降低经济成本的目的。根据能斯特方程以及电化学反应动力学，该化学反应的本质过程是一个氧化还原反应过程，可以从ORP值上反映出来。ORP还可作为其他很多反应过程中的监测指标，已经发展地比较成熟。ORP相比于其他参数的优点是其可以反映废水处理系统中的氧化还原反应。此外，ORP作为一个控制参数，具有灵活、成本低、易在线控制、易维护、易工业应用等优点。

另外，ORP必须在线实时监测，才能发挥其最大的价值；因为若将水汽样降温降压到室温条件下测量，不仅测量探针不够灵敏，也无法对现场水工况做出一个迅速的反应。所以在线实时测量既可以实时反映水质状况，又能最大限度地避免锅炉及热力设备的腐蚀。

4.1.2 氧化还原电位的评价方法

对一个水体来说，往往存在多种氧化还原电对，构成复杂的氧化还原体系，而其氧化还原电位是多种氧化物质与还原物质发生氧化还原反应的综合结果。ORP值低，表明水系统中还原性物质或有机污染物含量高，溶解氧浓度低，还原环境占优；ORP值高，表明水中有机污染物浓度低，溶解氧或氧化性物质浓度高，氧化环境占优。

pH值是引起ORP升降的一个重要因素，pH值越高，ORP越低；pH值越低，ORP越高。

溶解氧表示溶解在水中的氧的含量，溶解氧作为水处理体系的一种氧化剂，是引起系统ORP升高最直接的原因。在纯水中，ORP与溶解氧的对数呈线形关系，ORP随溶解氧的升高而升高。

在压水堆核电厂的二回路与超临界火电机组的锅炉系统中，水质相对较纯，水汽中的ORP变化最能反映水质的氧化还原状态。

所以，氧化还原电位越高，氧化性越强；电位越低，氧化性越弱。电位为正表示溶液显示出一定的氧化性，电位为负则说明溶液显示出还原性。

4.2 ORP的测试条件及测试方法

传统的氧化还原电位测试中，常以Ag/AgCl作为参比电极，即分别在Ag丝表面涂上固态的Ag和AgCl，将其置于KCl溶液中，从而形成$AgCl + e^- \longrightarrow Ag^+ + Cl^-$氧化还原体系。然而，该ORP电极存在一定的问题，即随着电解液的不断损耗，需要人为及时补充维护。此外，Cl^-会对氧化还原体系有干扰，造成测量误差。

新型ORP电极具有良好的性能和快速的响应时间，与传统的ORP电极相比，避免了电极损耗和维护成本的问题，提供了一种响应快、重复性好和免维护的ORP电极，具有良好的在线应用价值。

电位测定法作为测定氧化还原电位的标准方法，即用铂电极为测量电极，饱和甘汞电极或氯-氯化银电极作为参比电极，与介质组成原电池，用智能数字万用表测定铂电极相对于饱和甘汞电极或氯-氯化银电极的氧化还原电位。该方法从实验条件、标准溶液的选用等方面对水环境中氧化还原电位的测定方法进行条件优化，可以更准确地进行水环境中氧化还原电位的测定。

国外对氧化还原电位监测水质的应用研究，较早出现在环境类学科中。由于氧化还原电位监测可以灵敏快速地反映出水体中硝化反应进行的程度，所以被广泛应用。国际范围内给水处理系统中水处理方式的发展趋势是由还原性处理向氧化性处理转变。电厂主要通过仪器监测，来及时判断是否发生了腐蚀，这也需要其他方法的辅助。利用 ORP 判断给水状态及腐蚀情况比在线联氨表更为可靠，监测仪表以 ORP 监测仪为主，辅以溶解氧测量仪以及联氨表来维持给水、炉水处于还原性环境。

美国纳尔科公司对用于高温水系统的在高温高压条件下测量及监控氧化还原电位的设备申请了专利。这种设备用于在线温度和压力下测量高温水系统中的氧化还原电位 ORP 和温度，还可以通过操作将所测得的 ORP 和所测得的温度电子传输至控制器系统。

4.3 ORP 的测试数据的描述性统计信息

4.3.1 数据集的基本描述性信息

ORP 测试条件为 25℃、pH 为 7 的二级去离子水，测试时间 2h。

测试得到的数据集为 7200 * 2，数据的基本描述性信息如表 4.1 所示。

表 4.1 ORP 测试数据的基本描述性信息

No.	参数	函数信息	值
1	平均值	mean	0.383
2	标准差	sd	0.002
3	中位数	median	0.382
4	截尾取值	trimmed	0.383
5	绝对中位差	mad	0.001
6	最小值	min	0.380
7	最大值	max	0.392
8	值域	range	0.012
9	偏度	skew	1.436
10	峰度	kurtosis	2.522
11	平均值的标准误差	se	0
12	下四分位数	25%	0.382
13	上四分位数	75%	0.385

数据集的标准分数值 [1：500] 如下：

[1] 1.756814 2.600202 2.521989 3.017537 3.087260 2.968180 3.029496 2.981781

[9] 2.979315 3.066439 3.035299 2.973449 2.937370 2.923406 3.057552 3.072049

[17] 2.935399 2.952087 3.421168 3.427037 3.510043 3.525290 3.469402 3.500644

```
[25]  3.447046 3.452512 3.449895 3.496927 3.401684 3.446853 3.501120 3.369370
[33]  3.414050 3.496554 3.365598 3.366630 3.441064 3.453224 3.472463 3.419354
[41]  3.431186 3.852175 3.800572 3.907856 3.956055 3.800019 3.804297 3.813660
[49]  3.806971 3.940345 3.883025 3.811005 3.869750 3.881362 3.826160 3.817844
[57]  3.961627 3.920760 3.826605 3.867933 3.961751 3.835172 3.937811 3.954037
[65]  3.899047 3.805138 3.804745 3.898754 3.893761 3.874254 3.930276 3.866965
[73]  3.948675 3.856981 3.805007 3.911334 3.946196 3.874266 3.923247 3.913432
[81]  3.838099 3.831591 3.883812 3.916215 3.800218 3.968346 3.857889 3.926615
[89]  3.871728 3.864478 3.833132 3.829068 3.938494 3.923378 3.966102 3.869295
[97]  3.822973 3.872575 3.829133 3.915893 3.852231 3.868661 3.822036 3.817535
[105] 3.892587 3.959380 3.929006 3.953445 3.809131 3.880322 3.858469 3.922209
[113] 3.909660 3.821950 3.872685 3.969317 3.902513 3.861454 3.926857 3.917330
[121] 3.954230 3.840910 3.876397 3.500691 3.378366 3.365132 3.510746 3.524510
[129] 3.526502 3.379982 3.455391 3.436836 3.492465 3.450042 3.448999 3.501663
[137] 3.406096 3.493510 3.414160 3.483321 3.450830 3.460289 3.420903 3.479967
[145] 3.370184 3.381222 3.475033 3.477709 3.436136 3.474640 3.503913 3.359540
[153] 2.959444 3.057545 3.021318 3.054335 3.008128 2.952398 2.945254 3.023177
[161] 2.921131 2.990302 3.044234 2.922070 3.056578 2.975750 3.086518 3.041974
[169] 2.954228 3.001074 2.964682 2.969216 3.080715 2.981767 2.995365 2.948718
[177] 2.951868 2.965517 3.011704 3.083990 3.051949 2.960074 2.987013 3.006465
[185] 3.075932 2.967190 3.086391 2.606243 2.566495 2.610448 2.644221 2.526477
[193] 2.599878 2.578591 2.626086 2.647321 2.602738 2.590938 2.548967 2.516178
[201] 2.527201 2.607656 2.477725 2.543208 2.521327 2.503964 2.544011 2.587606
[209] 2.591204 2.557307 2.609392 2.489971 2.597384 2.503589 2.532385 2.640563
[217] 2.644211 2.629627 2.537723 2.501674 2.560433 2.510063 2.570846 2.534886
[225] 2.488966 2.507022 2.552804 2.623387 2.596369 2.119254 2.191554 2.139923
[233] 2.165851 2.189034 2.073622 2.084764 2.162024 2.065441 2.182654 2.176515
[241] 2.187451 2.187238 2.099859 2.099921 2.079151 2.167719 2.076285 2.159677
[249] 2.193560 2.047748 2.089961 2.094044 2.183816 2.172542 2.067655 2.078030
[257] 2.119240 2.066627 2.197671 2.060300 2.189337 2.041513 2.086288 2.200384
[265] 2.036390 2.099743 2.188331 2.137871 2.154113 2.106042 2.029277 2.163056
[273] 2.033237 2.142451 2.135411 2.101036 2.035719 2.153964 2.138960 2.148008
[281] 2.108034 2.197753 2.156080 2.095472 2.143814 2.076107 2.069836 2.106904
[289] 2.069517 2.041893 2.184924 2.105817 2.175893 2.185753 2.059076 2.123646
[297] 2.163781 2.145765 2.187356 2.172066 2.086401 2.198686 2.050920 2.113197
[305] 1.736600 1.645880 1.665763 1.651630 1.743649 1.650912 1.665877 1.726244
[313] 1.674759 1.620019 1.738076 1.663268 1.720302 1.707949 1.647419 1.681730
```

[321] 1.726092 1.607099 1.587235 1.617505 1.738593 1.608611 1.708965 1.698473
[329] 1.588368 1.588372 1.590365 1.747085 1.732602 1.623953 1.738984 1.696626
[337] 1.752486 1.701785 1.743817 1.758516 1.672381 1.753864 1.712945 1.663766
[345] 1.706470 1.587509 1.702539 1.663766 1.605629 1.752767 1.640546 1.653012
[353] 1.600628 1.627895 1.599890 1.616486 1.726063 1.615198 1.653187 1.719936
[361] 1.689638 1.701000 1.607055 1.635937 1.743303 1.665917 1.638198 1.647269
[369] 1.745092 1.719968 1.674275 1.709279 1.723556 1.694528 1.662592 1.696321
[377] 1.589267 1.605566 1.610191 1.715584 1.604279 1.616906 1.640315 1.681303
[385] 1.680801 1.710645 1.643878 1.706886 1.716837 1.761510 1.644540 1.597794
[393] 1.730324 1.604761 1.650191 1.755221 1.727471 1.640055 1.703995 1.677695
[401] 1.599180 1.700251 1.630195 1.602158 1.662811 1.598482 1.709529 1.719452
[409] 1.639464 1.712553 1.762114 1.759973 1.663356 1.706139 1.701763 1.626976
[417] 1.597449 1.645251 1.630160 1.730834 1.606620 1.757236 1.694148 1.589981
[425] 1.732666 1.587711 1.668152 1.753239 1.649747 1.610539 1.746195 1.742395
[433] 1.668354 1.644035 1.645882 1.663629 1.732083 1.732913 1.731585 1.615213
[441] 1.706857 1.742570 1.641863 1.643151 1.641773 1.635422 1.632156 1.734862
[449] 1.730618 1.664313 1.661226 1.733318 1.686497 1.736587 1.286878 1.176258
[457] 1.232805 1.152071 1.156822 1.600238 1.710317 1.170814 1.289873 1.194411
[465] 1.184822 1.261330 1.308249 1.270399 1.244594 1.269081 1.237847 1.283206
[473] 1.178246 1.295426 1.216511 1.192103 1.170405 1.235947 1.162558 1.157908
[481] 1.195228 1.200789 1.194507 1.158150 1.171925 1.310535 1.222309 1.210030
[489] 1.178392 1.171049 1.216700 1.246183 1.242785 1.175272 1.188244 1.264687
[497] 1.166029 1.157456 1.182324 1.210468

数据集的标准分数值 [7000：7200] 如下：

[1] −0.5507972 −0.4478038 −0.5022938 −0.5889811 −0.5684217 −0.4753611
[7] −0.5947311 −0.5435447 −0.6134882 −0.5968702 −0.5335497 −0.5927891
[13] −0.6177048 −0.5627227 −0.4755469 −0.5087980 −0.5200685 −0.5482069
[19] −0.6188117 −0.5445895 −0.5977851 −0.6202337 −0.4760592 −0.6131009
[25] −0.5782055 −0.5262324 −0.5379609 −0.6005337 −0.4992928 −0.6218042
[31] −0.6031534 −0.5490408 −0.5394706 −0.5014328 −0.6170640 −0.4999438
[37] −0.4630088 −0.5896722 −0.6045924 −0.5278946 −0.5842178 −0.6071600
[43] −0.5426909 −0.4841459 −0.6217163 −0.6027599 −0.5885290 −0.5624778
[49] −0.5384082 −0.5301523 −0.5096509 −0.4674165 −0.4534846 −0.6077287
[55] −0.4474835 −0.5989987 −0.4604422 −0.5931892 −0.5456813 −0.4533435
[61] −0.6167399 −0.5901108 −0.4532329 −0.5930933 −0.5569887 −0.5551198
[67] −0.5432349 −0.4826818 −0.6021672 −0.5563662 −0.4530241 −0.5719572
[73] −0.5409106 −0.4765625 −0.5644236 −0.5806372 −0.5716420 −0.5505795

```
[79]  -0.5757461 -0.6107889 -0.5755162 -0.5640890 -0.4750256 -0.5775536
[85]  -0.6168095 -0.5153233 -0.6131986 -0.5715040 -0.5699327 -0.5499585
[91]  -0.4869169 -0.5850335 -0.4673352 -0.4689194 -0.6200129 -0.5277434
[97]  -0.5029627 -0.5887515 -0.5737403 -0.5048080 -0.4560285 -0.5595194
[103] -0.5007543 -0.5282678 -0.4732193 -0.5837330 -0.5483116 -0.4637578
[109] -0.5008844 -0.5678877 -0.5792235 -0.5254355 -0.5095582 -0.4499579
[115] -0.5772330 -0.5649774 -0.5646302 -0.6112313 -0.4950010 -0.5852479
[121] -0.6102667 -0.6122216 -0.5049730 -0.5810740 -0.6053676 -0.5536389
[127] -0.5425935 -0.5530605 -0.4727343 -0.5286982 -0.5158586 -0.5256893
[133] -0.4873746 -0.6185236 -0.5820515 -0.5556878 -0.5302618 -0.4652963
[139] -0.5662719 -0.4798509 -0.5351061 -0.6238673 -0.4968509 -0.5376161
[145] -0.4985825 -0.5989989 -0.5150336 -0.4600747 -0.5575217 -0.4594348
[151] -0.6056593 -0.5550489 -0.4779995 -0.6005190 -0.5912041 -0.5220426
[157] -0.5124054 -0.5192115 -0.5851920 -0.5018882 -0.5769514 -0.4972032
[163] -0.5219822 -0.5063751 -0.5873714 -0.6177751 -0.5780731 -0.6092077
[169] -0.6112558 -0.6172409 -0.5276861 -0.5704774 -0.5687517 -0.4956302
[175] -0.6041750 -0.4983243 -0.4662008 -0.6075986 -0.5043292 -0.4565321
[181] -0.5372093 -0.5186182 -0.6054387 -0.4734081 -0.4644583 -0.5950074
[187] -0.5515936 -0.5826233 -0.6052938 -0.6071603 -0.4511549 -0.6139017
[193] -0.5071633 -0.6043231 -0.4531764 -0.4705183 -0.4882970 -0.5739475
[199] -0.4988472 -0.4632025 -0.4897955
```

4.3.2 数据集的频数分布图及核密度曲线

数据集的频数分布如图4.1所示。该图的结构总体包含两部分，左下区域为数据集概率密度图，右上角为数据集的频数分布图。

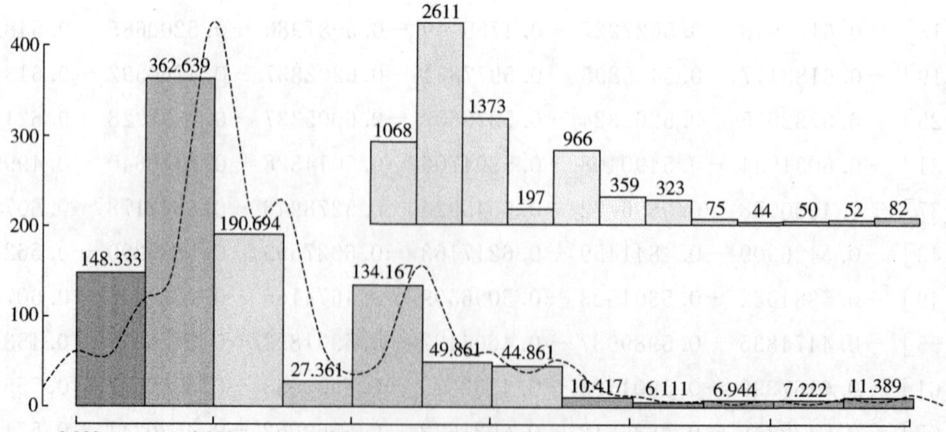

图4.1 ORP数据集的频数分布及核密度曲线

代码实现：

```
hist(cc[,2],prob=T,col=rainbow(12),main='',ann=F,tck=0.01,labels=T)
lines(density(cc[,2]),col='blue',lty=3,lwd=3)
par(new=T,fig=c(0.3,1,0.3,1));hist(cc[,2],col=cm.colors(12),main='',ann=F,axes=F,labels=T)
```

概率密度图是数据分布的最直接可视化方式，该图以柱状的方式显示了数据集 12 种取值范围的密集程度；而通过右上角的频数分布图，可以清晰地看出每个柱状数值的分布数量，如 ORP 值为 0.383 的测定频数为 1373（右上角图的横坐标取值与主图一样）。

从图 4.1 可以得到某个取值出现频数的比例，例如数值为 0.384 的概率密度是 134.167，而柱子宽度（及组距）为 0.001，可以得到该数值的概率值为 0.134；该概率也可以通过频数图的 966 除以总样本数 7200 实现，结果是等价的。

从图 4.1 的主图，还可以看到一条连续曲线，以虚线的形式展现，该曲线就是核密度曲线；核密度曲线的目的是以连续曲线的方式来可视化数据的潜在概率分布，由于是概率密度的对应估计，而概率密度是不连续的，所以，核密度曲线更多是以连续的方式来表达各分布数值的密集程度。

4.3.3　数据集的频数分布分析

图 4.1 的频数分布属于“偏态型”，即数据高处偏向左边（以数值 0.381 最大），右边不仅低，而且拖长尾巴；该分布具体属于偏右型。

这种偏态分布从理论上说是规格值无法取得某一数值以下所致，在质量特性上并没有问题，其拖长的尾端数值分布在（0.387，0.392）之间，对于 ORP 测试因素来说，技术上是可以接受的。

该形态的频数分布虽然表示该条件下 ORP 取值的平均位置有偏差，但是总体上分布属于较集中的情况，说明在 25℃、pH 为 7 的二级去离子水中，ORP 的数据取值在可信区间。

4.3.4　数据集的累积概率分布分析

图 4.2 给出了 ORP 数据集的累积概率分布。

图中实线代表各数值水平下的累积概率，其中 ORP 0.382V 时的概率值最大，使累积概率线快速升高；图中虚线代表正态分布 N（mean（ORP 数据集），sd（ORP 数据集））的分布函数曲线。由图可知，大部分数据水平的累积概率值要高于正态分布的虚线函数曲线，说明实际累积概率值高于正态水平下的概率值。

代码实现：

```
plot(ecdf(cc2),verticals=T,ann=F,tck=0.01,col.axis='blue',col=rainbow(6),lwd=3)
lines(x,pnorm(x,mean(cc2),sd(cc2)),col='darkblue',lwd=3,lty=3)
```

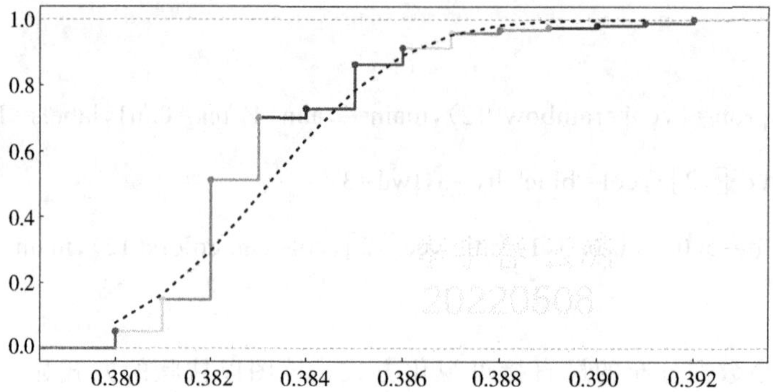

图 4.2 ORP 数据集的累积概率分布

4.4 数据集的正态性判断及分析

图 4.3 给出了 ORP 数据集的正态 QQ 图。图中的横坐标代表标准差的数量值，范围从−4 * sd 到 4 * sd，图中纵坐标代表 ORP 数据集的 13 个水平，范围从 0.380 到 0.392；图中散点就是各水平的数据分布，图中虚线代表正态数据线。

由图可知：ORP 数据集的各数值散点近似在虚线上，虽然两端值的分布比正态有些偏差，但是总体可以认为，该 ORP 数据集符合正态分布。

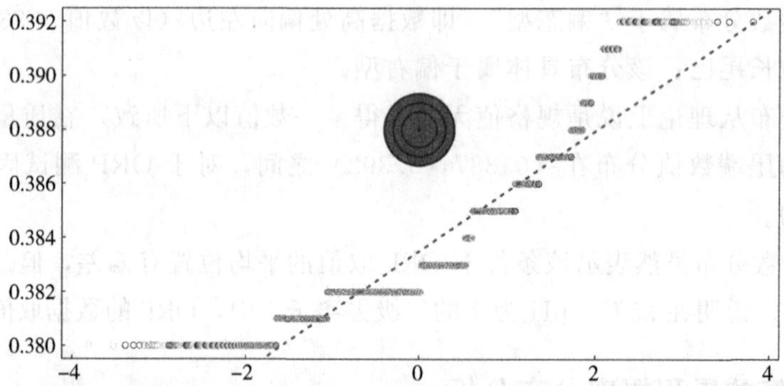

图 4.3 ORP 数据集的正态 QQ 图

代码实现：

```
library(plotrix)
qqnorm(cc2,tck=0.01,ann=F,col=topo.colors(12),las=1,col.axis='blue')
qqline(cc2,col='red',lty=3,lwd=3)
draw.circle(0,0.388,radius=c(0.4,0.3,0.2,0.01),col='red',border='blue',lwd=3)
```

4.5 数据集的茎叶图分布

ORP 数据集的茎叶图分布如图 4.4 所示。图中给出各水平数值的直观分布效果显示，左侧为各数值的水平值，例如“380”代表小数点后面的三位有效数字；图中右侧为实际数值出现的频数情况，右侧最末端显示了某个水平数值总共出现的次数，例如“382”对应最右侧显示了+2531，表示 0.382 的数值共出现 2531 次。

```
The decimal point is 3 digit(s) to the left of the |

380 | 00000000000000000000000000000000000000000000000000000000000000000000000000000000000000000+286
381 | 00000000000000000000000000000000000000000000000000000000000000000000000000000000000000000+622
382 | 00000000000000000000000000000000000000000000000000000000000000000000000000000000000000000+2531
383 | 00000000000000000000000000000000000000000000000000000000000000000000000000000000000000000+1293
384 | 00000000000000000000000000000000000000000000000000000000000000000000000000000000000000000+117
385 | 00000000000000000000000000000000000000000000000000000000000000000000000000000000000000000+886
386 | 00000000000000000000000000000000000000000000000000000000000000000000000000000000000000000+279
387 | 00000000000000000000000000000000000000000000000000000000000000000000000000000000000000000+243
388 | 00000000000000000000000000000000000000000000000000000000000000000000000000000000000000000
389 | 0000000000000000000000000000000000000000000000000000000000
390 | 00000000000000000000000000000000000000000000000000000000000000000000000
391 | 0000000000000000000000000000000000000000000000000000000000000000000000000
392 | 00000000000000000000000000000000000000000000000000000000000000000000000000000000000000000+2
```

图 4.4　ORP 数据集的茎叶图分布

图 4.4 直观地给出了 ORP 数据集的分布情况，数值偏小的一端分布比例比较大，而数值偏大的一端，数据集分布很少，在合计 7200 个数据点中，只占了 2 次，说明 0.392 的数值水平很有可能来源于随机误差。

另外，ORP 数据集分布在 0.380～0.392 的区间内，并呈现非对称状态，其算术平均值为 0.383，中位数值为 0.382，说明数据集以 0.382 为核心分布。

4.6 本章小结

针对能源领域水质净化、水质运行控制领域，结合超临界机组锅炉系统、核电站二回路蒸汽发生器系统的水质控制，本章探讨了水质氧化还原电位的重要性和意义，并开展了对大数据集 ORP 数值的数据分析；结合 R4.1.2 开源软件的强大数据分析功能，获得了以下结论：

(1) ORP 可以反映水体系中的总体氧化还原性，能提供给水系统与腐蚀有关的各种单独的参数信息，能及时发现腐蚀迹象。

(2) 本章 ORP 数据集共计 13 个水平，范围从 0.380 到 0.392；该 ORP 数据集呈现非对称状态，算术平均值为 0.383，中位数值为 0.382，说明数据集是以 0.382 为核心的近似正态分布；通过核密度曲线技术、图层叠加技术、经验分布函数技术及茎叶图功能，实现了 ORP 数据集的有效可视化。

第5章 能源环境的颗粒物、酸雨指标的数据挖掘——基于R

5.1 酸雨及可吸入颗粒物

能源大气环境存在的典型污染物有酸雨及可吸入颗粒物。

5.1.1 酸雨

酸雨是指 pH 小于 5.0 的雨雪或其他形式的降水，主要是由人为地向大气中排放大量酸性物质所造成的。

酸雨为酸性沉降中的湿沉降。酸性沉降可分为湿沉降与干沉降两大类，前者指的是所有气状污染物或粒状污染物，随着雨、雪、雾或雹等降水形态而落到地面；后者则是指气溶胶及其他酸性物质直接沉降到地表的现象。酸雨又分硝酸型酸雨和硫酸型酸雨。

酸雨主要因大量燃烧含硫量高的煤而形成，多为硫酸雨，少为硝酸雨，此外，各种机动车排放的尾气也是形成酸雨的重要原因。

酸雨的五级标准：日降水 pH 高于 5.0，酸雨率是 0～20%，为非酸雨区；pH 在 5.00～5.60 之间，酸雨率是 10%～40%，为较弱酸雨区；pH 在 4.5～5.0 之间，酸雨率是 30%～60%，为弱酸雨区；pH 在 4.0～4.5 之间，酸雨率是 50%～80%，为强酸雨区；pH 小于 4.0，酸雨率是 70%～100%，为特强酸雨区。

5.1.2 可吸入颗粒物

空气中的可吸入颗粒物一般来说分为两类，即可吸入颗粒物 PM10 和细颗粒物 PM2.5，两类都属于对于人体而言危害较大的空气污染物，前者是指粒径在 10μm 以下的颗粒物，后者是指粒径在 2.5μm 以下的颗粒物。可吸入颗粒物会引起人体中毒或受到放射性污染，有些会导致急性气管炎、肺水肿和呼吸困难的症状，有些则会导致心脏、肝脏和胃的受损甚至肺的纤维化，还有些会导致过敏性鼻炎和肺功能障碍。

PM10 通常是在各种工业过程中产生的，另外，在自然界中，一些超细颗粒物和细菌会黏连成团，形成气溶胶，这也是空气中 PM10 的来源之一。

PM2.5 包括土壤扬尘、海盐、花粉、孢子、细菌、火山灰等自然产物，也有发电、冶金、炼油、化学、纺织等工业工程中产生的烟尘和因为燃料燃烧不充分留下的液滴，而在室内，二手烟以及猛火热油炒菜，也会形成大量的 PM2.5 颗粒。

酸雨只会损害建筑的屋檐和外墙，PM10 和 PM2.5 却会连建筑的内部空间也一并影响。

5.2 能源环境颗粒物、酸雨指标数据集

某石化央企环境颗粒物、酸雨指标数据集共包含 2850 * 9 的数据，时间跨度从 2014-01-01 到 2021-11-30，包含的指标有 AQI、PM2.5、PM10、SO_2、NO_2、CO 及 O_3 7 项。

能源环境数据集基本信息及头部数据资料如图 5.1 所示。

```
> dim(cc);names(cc);head(cc,15)
[1] 2850    9
[1] "日期"        "质量等级"     "AQI指数"      "PM2.5.ug.m3" "PM10.ug.m3"  "So2.ug.m3"   "No2.ug.m3"
[8] "Co.mg.m3"    "O3.ug.m3"
        日期 质量等级 AQI指数 PM2.5.ug.m3 PM10.ug.m3 So2.ug.m3 No2.ug.m3 Co.mg.m3 O3.ug.m3
1   2014/1/1 中度污染     187         146        173        71       108     2.30       23
2   2014/1/2 中度污染     199         147        177        71       112     2.08       25
3   2014/1/3 严重污染     257         209        186        70        82     1.73       20
4   2014/1/4 中度污染     153         116        146        56        81     1.40       32
5   2014/1/5 中度污染     159         120        142        50        87     1.64       30
6   2014/1/6 中度污染     173         132        137        48        82     1.48       28
7   2014/1/7 重度污染     236         187         38        25        63     1.92        6
8   2014/1/8 中度污染     177         134          0        30        44     1.38       30
9   2014/1/9 中度污染     190         143         67        39        62     1.72       24
10 2014/1/10 中度污染     179         137         42        32        67     1.86       10
11 2014/1/11       良      70          50         31        19        42     1.13       25
12 2014/1/12 轻度污染     132         100         48        40        45     1.22       36
13 2014/1/13 重度污染     205         161        108        51        75     1.79       18
14 2014/1/14 重度污染     206         159        191        43        79     2.07       21
15 2014/1/15 中度污染     160         121        120        34        74     1.48       44
```

图 5.1 能源环境数据集基本信息

能源环境数据集尾部数据资料如图 5.2 所示。

5.3 能源环境数据集的描述性统计分析

5.3.1 数据集的基本描述性信息

能源环境数据集的基本描述性信息如表 5.1 所示。

```
          日期  质量等级 AQI指数 PM2.5.ug.m3 PM10.ug.m3 So2.ug.m3 No2.ug.m3 Co.mg.m3 O3.ug.m3
2821  2021/11/1       良     99          73         58         6        28     0.81       62
2822  2021/11/2       良     82          60         59         5        32     0.76       58
2823  2021/11/3       良     63          45         64         6        42     0.78       46
2824  2021/11/4       良     66          48         46         5        38     0.85       31
2825  2021/11/5       优     45          32         36         5        31     0.85        9
2826  2021/11/6       良     64          45         44         5        24     0.92       17
2827  2021/11/7       优     24          11         19         5        18     0.53       39
2828  2021/11/8       优     37          13         37         5        18     0.46       61
2829  2021/11/9       优     46          22         48         6        36     0.55       43
2830 2021/11/10       良     61          38         74         9        46     0.83       29
2831 2021/11/11       良     60          39         71         8        40     0.64       41
2832 2021/11/12       优     48          29         48         8        32     0.48       56
2833 2021/11/13       良     56          35         61         7        44     0.57       47
2834 2021/11/14       良     64          40         80         8        54     0.71       36
2835 2021/11/15       良     69          45         85        12        56     0.77       41
2836 2021/11/16 轻度污染    121          92        113        10        61     0.92       30
2837 2021/11/17 中度污染    194         149        106        10        40     1.05       45
2838 2021/11/18 中度污染    178         135        113         9        56     1.08       62
2839 2021/11/19       良     91          67         65         7        33     0.84       70
2840 2021/11/20       良     78          57         47         6        31     0.76       44
2841 2021/11/21 轻度污染    109          81         53         5        24     0.81       42
2842 2021/11/22       良     53          16         65         6        22     0.44       60
2843 2021/11/23       良     68          22         87         7        40     0.60       35
2844 2021/11/24       良     69          43         87         9        52     0.90       25
2845 2021/11/25       良     70          49         88         9        55     0.95       32
2846 2021/11/26       良     78          57         90         9        53     0.94       40
2847 2021/11/27       良     89          66         88         8        51     0.87       55
2848 2021/11/28 轻度污染    137         104        114         9        53     0.91       63
2849 2021/11/29 中度污染    189         143        122         9        39     0.97       71
2850 2021/11/30       优     35          15         34         6        20     0.43       68
```

图 5.2 能源环境数据集尾部点信息

表 5.1 能源环境数据的基本描述性信息

No.	参数	PM2.5	PM10	SO_2	NO_2	CO	O_3
1	平均值	51.51	64.25	11.90	33.08	0.90	53.97
2	标准差	36.40	40.16	8.7	16	0.27	27.01
3	中位数	42.00	56.00	9.00	29.00	0.84	52.00
4	截尾取值	45.86	59.97	10.38	31.24	0.87	52.47
5	绝对中位差	26.69	35.58	5.93	14.83	0.22	28.17
6	最小值	4.00	0.00	2.00	4.00	0.43	4.00
7	最大值	306.00	370.00	71.00	112.00	3.01	179.00
8	值域	302.00	370.00	69.00	108.00	2.58	175.00
9	偏度	2.00	1.32	2.24	1.05	1.59	0.52
10	峰度	6.00	3.31	7.04	0.92	4.82	0.06
11	平均值的标准误差	6.81	0.75	0.16	0.30	0.01	0.51
12	下四分位数	27.00	35.00	6.00	21.00	0.84	33.00
13	上四分位数	64.50	85.00	15.00	42.00	1.03	71.00

5.3.2 数据集的标准分数值信息

能源环境数据集中颗粒物数据列（PM2.5）的标准分数值［1：500］如下：

［1］2.59569594 2.62316714 4.32638183 1.77155980 1.88144462 2.21109908

［7］3.72201533 2.26604148 2.51328233 2.34845510 －0.04153970 1.33202053

```
[13] 3.00776401 2.95282160 1.90891582 2.21109908 4.43626665 3.63960172
[19] 2.34845510 2.65063835 0.48041318 0.64524041 0.59029800 1.08477969
[25] 3.36488967 5.69994206 6.99108868 5.97465411 5.31534520 4.73844990
[31] 6.00212531 1.00236607 3.25500485 2.78799437 0.45294198 -0.45360777
[37] -0.56349259 0.09581632 0.06834511 0.42547078 1.02983728 0.34305716
[43] 0.78259644 0.91995246 1.35949173 0.83753884 0.50788439 0.48041318
[49] -0.48107898 -0.17889573 0.12328752 0.42547078 1.55179016 3.28247606
[55] 0.45294198 -0.17889573 0.70018282 0.48041318 -1.05797427 -0.37119416
[61] 0.01340271 0.01340271 1.11225089 1.85397342 0.15075873 -0.64590621
[67] -0.34372295 0.09581632 0.59029800 0.17822993 -0.15142452 1.24960691
[73] 1.00236607 1.11225089 0.20570114 -0.31625175 -0.09648211 1.82650221
[79] 0.42547078 -0.34372295 0.50788439 1.71661739 0.56282680 0.53535559
[85] 0.45294198 -0.20636693 -0.42613657 -0.50855018 0.42547078 0.17822993
[91] 0.20570114 1.05730848 1.33202053 1.11225089 1.60673257 0.61776921
[97] 0.50788439 0.67271162 0.72765403 0.31558596 0.56282680 -0.26130934
[103] 0.12328752 -0.06901091 0.26064355 1.05730848 -0.20636693 0.61776921
[109] -0.64590621 -0.56349259 -0.56349259 -0.39866536 -0.09648211 -0.48107898
[115] -0.72831982 -0.75579102 -0.34372295 0.15075873 0.86501005 0.89248125
[121] 0.64524041 0.45294198 0.34305716 -0.20636693 0.28811475 0.42547078
[127] 0.72765403 -0.01406850 -0.86567584 -0.83820464 -1.00303187 -0.48107898
[133] 0.28811475 0.75512523 -0.20636693 0.45294198 1.24960691 1.41443414
[139] 1.79903101 1.02983728 0.64524041 0.45294198 -0.28878055 -0.23383814
[145] -0.04153970 1.30454932 0.78259644 1.35949173 0.86501005 0.42547078
[151] -0.15142452 -0.42613657 -0.06901091 0.34305716 0.78259644 0.61776921
[157] 1.27707812 1.05730848 1.55179016 2.26604148 0.72765403 1.05730848
[163] 1.33202053 5.75488447 1.33202053 1.99132944 0.89248125 -0.04153970
[169] -0.23383814 -0.45360777 -1.05797427 -0.20636693 0.20570114 0.70018282
[175] -0.56349259 -0.53602139 -0.42613657 -0.59096380 -0.04153970 -0.75579102
[181] 0.34305716 0.48041318 0.12328752 -0.53602139 -0.75579102 -0.72831982
[187] -0.39866536 -0.20636693 0.17822993 0.75512523 0.64524041 0.34305716
[193] -0.17889573 -0.67337741 -0.78326223 -0.59096380 -0.56349259 -0.37119416
[199] -0.34372295 -0.86567584 -0.37119416 -0.04153970 0.23317234 0.56282680
[205] 1.00236607 0.86501005 0.15075873 -0.42613657 0.04087391 -0.59096380
[211] -0.50855018 -0.04153970 -0.39866536 -0.20636693 -0.34372295 -0.23383814
[217] 0.23317234 -0.12395332 -0.20636693 -0.53602139 0.64524041 1.08477969
[223] 0.34305716 -0.86567584 -0.92061825 -0.45360777 -0.23383814 -0.45360777
[229] -0.26130934 -0.67337741 -0.89314705 -0.12395332 0.91995246 -0.23752139
```

```
[235] -0.09648211 -0.48107898 -0.50855018 -0.20636693 -0.31625175 0.15075873
[241] 0.42547078 -0.39866536 -0.31625175 -0.04153970 0.26064355 -0.64590621
[247] -0.26130934 -0.31625175 -0.04153970 0.56282680 0.39799957 0.83753884
[253] 0.09581632 -0.04153970 0.15075873 -0.56349259 -0.23383814 -0.37119416
[259] -0.53602139 -0.17889573 -0.92061825 -0.97556066 -0.53602139 -0.28878055
[265] -0.28878055 -0.01406850 -0.31625175 0.67271162 1.41443414 0.83753884
[271] 0.81006764 -0.01406850 0.09581632 -0.06901091 0.01340271 0.06834511
[277] 0.17822993 1.11225089 2.04627185 0.61776921 0.70018282 1.24960691
[283] 1.30454932 1.33202053 2.43086871 1.38696294 1.08477969 1.57926137
[289] 1.52431896 5.39775881 3.91431376 1.77155980 1.68914619 0.78259644
[295] 0.06834511 0.45294198 0.94742366 1.11225089 1.44190535 4.16155460
[301] 3.50224569 -0.56349259 -0.97556066 -0.64590621 0.67271162 -0.48107898
[307] -0.78326223 -0.15142452 0.56282680 0.20570114 0.06834511 0.70018282
[313] -0.06901091 -0.15142452 0.06834511 0.09581632 -0.34372295 0.15075873
[319] 1.08477969 2.26604148 1.19466450 1.16719330 0.86501005 0.97489487
[325] 2.26604148 3.47477449 5.48017242 -0.15142452 0.12328752 0.28811475
[331] -0.26130934 -0.59096380 -0.42613657 -0.64590621 -0.09648211 -0.45360777
[337] -0.15142452 -0.17889573 0.04087391 -0.01406850 0.91995246 0.42547078
[343] 0.72765403 0.72765403 0.09581632 0.01340271 0.45294198 0.72765403
[349] 1.13972210 -0.04153970 -0.37119416 0.09581632 0.15075873 0.26064355
[355] 0.56282680 0.39799957 1.02983728 2.10121426 3.47477449 3.77695774
[361] 1.90891582 1.11225089 1.00236607 0.83753884 1.85397342 -0.04153970
[367] 0.37052837 1.49684776 1.30454932 2.40339751 3.36488967 1.85397342
[373] 2.12868546 2.70558076 2.48581112 2.95282160 1.99132944 2.56822474
[379] 1.82650221 1.88144462 3.30994726 2.37592630 2.23857028 2.10121426
[385] 1.27707812 1.93638703 0.97489487 1.22213571 1.38696294 4.27143942
[391] 4.51868026 1.11225089 -0.92061825 -0.61843500 0.78259644 0.81006764
[397] 1.11225089 0.34305716 0.83753884 2.40339751 2.92535040 2.12868546
[403] 2.87040799 3.14512003 2.01880064 1.33202053 2.34845510 2.12868546
[409] 1.00236607 1.05730848 0.17822993 0.72765403 0.78259644 1.68914619
[415] 2.37592630 -0.61843500 -0.37119416 0.48041318 0.75512523 1.05730848
[421] -0.26130934 -0.53602139 -1.05797427 -0.94808946 0.01340271 0.09581632
[427] -0.23383814 0.17822993 -0.06901091 -0.01406850 -0.09648211 -0.39866536
[433] 0.04087391 2.70558076 1.85397342 0.23317234 -0.15142452 0.48041318
[439] -0.09648211 0.83753884 0.20570114 -0.92061825 -0.17889573 -0.70084861
[445] -0.23383814 0.04087391 0.17822993 0.31558596 0.17822993 -0.31625175
[451] -0.17889573 0.12328752 -0.37119416 -0.61843500 -0.50855018 -0.50855018
```

```
[457] -0.37119416 -0.34372295 -0.67337741 -0.75579102 -0.28878055 -0.89314705
[463] -0.50855018 -0.34372295 -0.23383814 0.23317234 -0.01406850 -0.89314705
[469] -0.45360777 0.45294198 0.75512523 1.11225089 0.83753884 -0.94808946
[475] -0.56349259 -0.31625175 -0.15142452 0.48041318 0.26064355 0.12328752
[481] 0.64524041 0.50788439 -0.15142452 0.09581632 0.70018282 -0.42613657
[487] -1.00303187 -0.28878055 -0.31625175 0.26064355 0.12328752 0.20570114
[493] -0.45360777 -0.04153970 0.20570114 -0.78326223 -0.37119416 -0.28878055
[499] -0.34372295 -0.42613657
```

5.4　能源环境数据集的分布及分组处理

5.4.1　总体分布

某石化央企环境颗粒物 PM2.5 随时间变化的浓度变化如图 5.3 所示，时间跨度从 2014 年到 2021 年。图 5.3 呈现的颗粒物分布比较散乱，存在周期性的 PM2.5 高浓度波动，具体无法衡量，所以，有必要对该图进行相应的处理，才能获得有效的数据信息。下一步，需要对 PM2.5 年度分布信息进行分析。

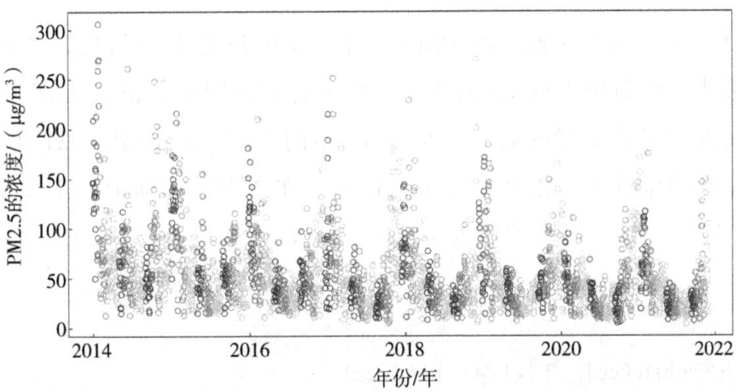

图 5.3　大气颗粒物 PM2.5 随时间的浓度变化情况

代码实现：

```
cc<-read.csv(file.choose())
dim(cc);names(cc);head(cc)
cc1<-cc[,c(1,4:9)]
dim(cc1);names(cc1);head(cc1)
plot(as.Date(cc1[1:500,1]),cc1[1:500,2],tck= 0.01,las= 1,col.axis= 'blue',xlab=
'年份',ylab= 'PM2.5,ug/m^3   ',type= 'o')
```

5.4.2 年度分布信息

通过对数据集的年度建立“索引”，实现按年份统计出 PM2.5 浓度的信息；再通过获得的年度数据集，进行带“标准差”信息绘图，得到图 5.4。

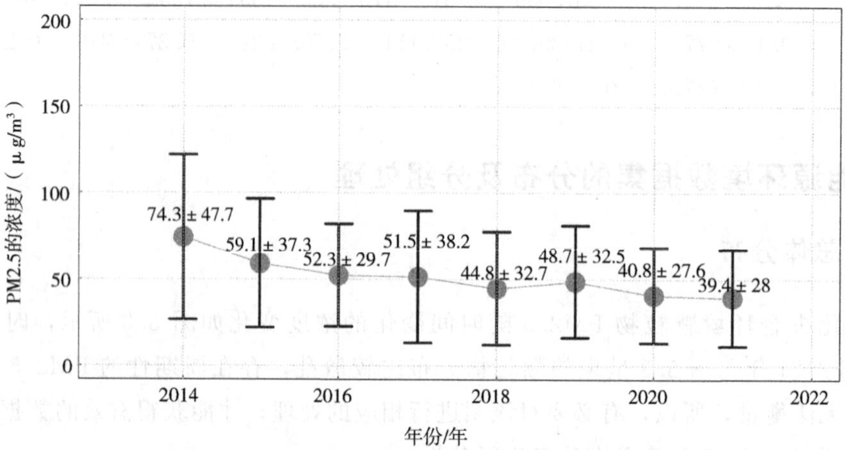

图 5.4 大气颗粒物 PM2.5 随年份的浓度变化情况

图 5.4 给出了该企业大气颗粒物 PM2.5 随年份的浓度变化信息，图中横坐标代表年度时间，纵坐标代表颗粒物 PM2.5 的浓度；图中各数据圆点的值代表该年度的 PM2.5 的平均值，可以发现有明显降低的趋势，从 2014 年的 74.3μg/m^3 到 2021 年的 39.4μg/m^3；另外，在各数据点的位置上，添加了标准差信息，在图中以添加上、下数据线条的形式实现；例如 2014 年，PM2.5 年度均值为 74.3μg/m^3，标准差为 47.7μg/m^3。

代码实现：

```
cc1[,'year']<-substr(cc1[,1],1,4); head(cc1)
names(cc1);names(cc1)[2]<-'pm2'
# 分组计算描述性统计量,by 参数指定分组的“列”名称
cc1m<-aggregate(cc1['pm2'],by=list(year=cc1[,'year']),mean);cc1m
cc1sd<-aggregate(cc1['pm2'],by=list(year=cc1[,'year']),sd);cc1sd
cc11<-cbind(cc1m,pm2sd=cc1sd[,2])
library(Hmisc)
# 由于“年”列为字符型,需要改为数值类型后,才能继续后续绘图
cc11[,1]<-as.numeric(cc11[,1]);str(cc11)
```

```
# 绘制带标准差的折线图,主要为前 4 个参数,分别代表 x,y,y+sd,y-sd
errbar(cc11[,1],cc11[,2],cc11[,2]+cc11[,3],col. lab='red',cc11[,2]- cc11[,3],ylim
=c(0,200),xlim=c(2013,2022),xlab='年份',ylab='PM2. 5,ug/m^3',las=1,col. axis='
blue',tck=0. 01,cap=0. 035,errbar. col='darkblue',col='green',lwd=3,pch=19,cex=3,
type='o')
# 添加网格线,并且在数据点显示数值及标准差
grid();text(cc11[,1]-0. 2,cc11[,2],round(cc11[,2],1),pos=3,col='red',cex=1)
text(cc11[,1]+ 0. 1,cc11[,2],expression(symbol("\ 261")),pos=3,col='red',cex=1)
text(cc11[,1]+ 0. 4,cc11[,2],round(cc11[,3],1),pos=3,col='red',cex=1)
```

5.4.3　月度分布信息

通过对数据集的月份建立“索引”，实现按月份统计出 PM2.5 浓度的信息；再通过获得的月份数据集，进行带“标准差”信息绘图，得到图 5.5。

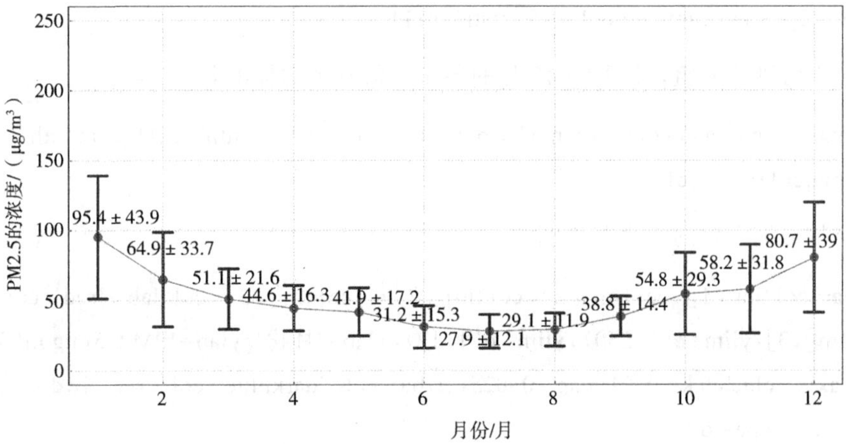

图 5.5　大气颗粒物 PM2.5 随月份的浓度变化情况

图 5.5 给出了该企业大气颗粒物 PM2.5 随月份的浓度变化信息，图中横坐标代表月度时间，纵坐标代表颗粒物 PM2.5 的浓度；图中各数据圆点的值代表 2014～2021 年期间在该月度的 PM2.5 的平均值，可以发现有明显“两头高中间低”的趋势，从 7 月份的最低值 27.9μg/m^3 到 1 月份的 95.4μg/m^3；另外，图中在各数据点的位置上，添加了标准差信息，在图中以添加上、下数据线条的形式实现；例如 10 月份，PM2.5 月度均值为 54.8μg/m^3，标准差为 29.3μg/m^3。

代码实现：

```
# 根据日期列产生 year,month 列
cc1[,'year']<-substr(cc1[,1],1,4); head(cc1)
cc1['month']<-substr(as.Date(cc1[,1]),6,7); head(cc1)
names(cc1);names(cc1)[2]<-'pm2'
# 产生根据 year,month 分组的 pm2,pm10 信息
cc1m<-aggregate(cc1[c('pm2','pm10')],by=list(month=cc1[,'month'],year=cc1[,'year']),mean);cc1m
cc1sd<-aggregate(cc1['pm2'],by=list(month=cc1[,'month'],year=cc1[,'year']),sd);cc1sd
cc11<-cbind(cc1m,pm2sd=cc1sd[,3]);cc11
# 将 year,month 列的数据类型转为数值型
cc11[,1]<-as.numeric(cc11[,1]);str(cc11)
cc11[,2]<-as.numeric(cc11[,2]);str(cc11)
# 对年份进行分组,得到 1~12 月的各年均值及平均标准差
cc1mm<-aggregate(cc11[c('pm2','pm2sd')],by=list(month=cc11[,'month']),mean);cc1mm;cc11m<-cc1mm
# 绘制带标准差的折线分析图
errbar(cc11m[,1],cc11m[,2],cc11m[,2]+cc11m[,3],col.lab='red',cc11m[,2]-cc11m[,3],ylim=c(0,250),xlim=c(1,12),xlab='月份',ylab='PM2.5,ug/m^3',las=1,col.axis='blue',tck=0.01,cap=0.025,errbar.col='darkblue',col='red',lwd=3,pch=19,cex=1.3,type='o')
# 添加网格线、生成各数据点的均值+标准差的可视化效果
grid();text(cc11m[,1]-0.2,cc11m[,2],round(cc11m[,2],1),pos=3,col='red',cex=0.85)
text(cc11m[,1]+0.1,cc11m[,2],expression(symbol("\261")),pos=3,col='red',cex=0.85)
text(cc11m[,1]+0.4,cc11m[,2],round(cc11m[,3],1),pos=3,col='red',cex=0.85)
```

5.4.4 年份对月度分布影响的分析效果可视化

在 PM2.5 浓度月份数据集的基础上，按年份叠加对月份的影响情况信息，实现双因素效果的可视化图形，得到图 5.6。

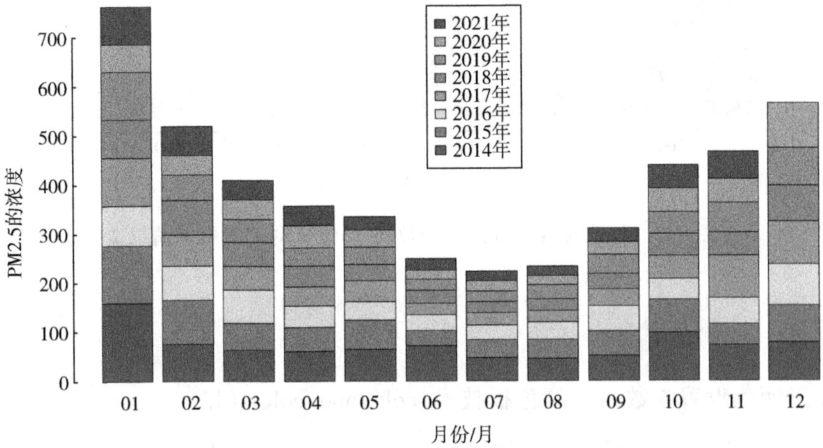

图 5.6　年份对各月份大气颗粒物 PM2.5 的浓度影响情况 1

图 5.6 给出了该企业大气颗粒物 PM2.5 月份浓度变化的年度叠加信息，图中横坐标代表月度时间，纵坐标代表颗粒物 PM2.5 的浓度；图中各柱子的“格子”代表 2014～2021 年在该月度的 PM2.5 的实际值，各“格子”按照颜色对应相应的年份；根据图注，红色对应 2014 年，可以发现：2014 年对各月的 PM2.5 的贡献都较大，而 2021 年对各月的 PM2.5 的贡献都较小，说明该年的大气颗粒物控制较好。

代码实现：

```
# 增加图注,legend. text=T
barplot(pm2~ year+ month, data= cc11, legend. text= T, args. legend= list(x= "top"), col=
rainbow(12), las= 1, tck= 0. 01, col. axis= 'blue', col. lab= 'red')
# 增加图注的位置,args. legend= list(x= "top")
```

图 5.7 也给出了年份对各月份大气颗粒物 PM2.5 的浓度影响情况。图中将时间轴换成了纵坐标轴，横坐标轴是月份大气颗粒物 PM2.5 的浓度；信息柱子也换成了水平放置，柱子中各格子的含义与图 3.7 是一样的，对应年份，例如 2014 年对应各柱子最左边的格子。

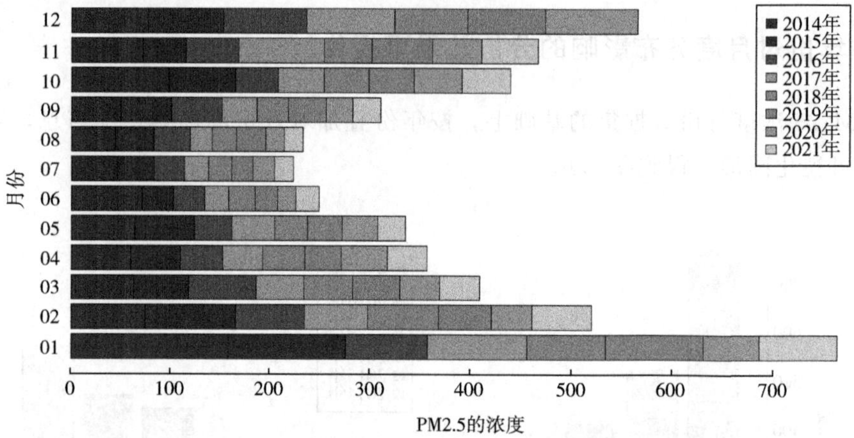

图 5.7 年份对各月份大气颗粒物 PM2.5 的浓度影响情况 2

代码实现：

```
# 各柱子颜色设置参数——调色板技术,col=topo. colors(12)

barplot(pm2~ year+ month,data= cc11,legend. text= T,col= topo. colors(12),las= 1,tck=
0. 01,col. axis='blue',col. lab='red',horiz= T)
```

5.5 能源大气化学指标的多元分析及可视化

通过 summary（ ）函数获得某石化央企大气化学指标从 2014 年到 2021 年的均值、中位数值、最大值、最小值、分位数值，如图 5.8 所示，图中二氧化硫、二氧化氮及臭氧的浓度单位都是μg/m³，一氧化碳的浓度单位是 mg/m³。

SO_2	NO_2	CO	O_3
Min. : 6.109	Min. :26.43	Min. :0.7641	Min. :43.64
1st Qu.: 6.476	1st Qu.:29.78	1st Qu.:0.8085	1st Qu.:50.91
Median :10.332	Median :34.06	Median :0.8980	Median :55.88
Mean :11.789	Mean :33.01	Mean :0.8980	Mean :54.06
3rd Qu.:15.026	3rd Qu.:35.81	3rd Qu.:0.9488	3rd Qu.:57.03
Max. :23.124	Max. :39.77	Max. :1.1022	Max. :62.29

图 5.8 大气化学指标 2014～2021 年主要统计信息

5.5.1 大气化学指标年度贡献对比效果的实现

图 5.9 给出了二氧化硫、二氧化氮及臭氧指标在 2014～2021 年的贡献对比情况。图中黑色方格代表该年二氧化硫的平均浓度，深灰色方格代表该年二氧化氮的平均浓度，浅灰色方格代表该年臭氧的平均浓度；将三种化学指标的年度平均含量放置在一个“柱子”

上，可以清晰对比出不同成分在各年的污染气体贡献比率。

由图 5.9 可知：二氧化硫的平均含量（μg/m^3）从 2014 年的 23.1 降低到 2021 年的 6.4，有明显的下降；二氧化氮的平均含量（μg/m^3）从 2014 年的 39.8 降低到 2021 年的 26.5，降低的幅度比二氧化硫的要少；另外，臭氧的含量（μg/m^3）不仅没有降低，反而在近 8 年时间里增加了不少，从 2014 年的 43.6 增高到 2021 年的 56.7。而且，近 8 年来，三种污染气体的总量并没有明显降低。

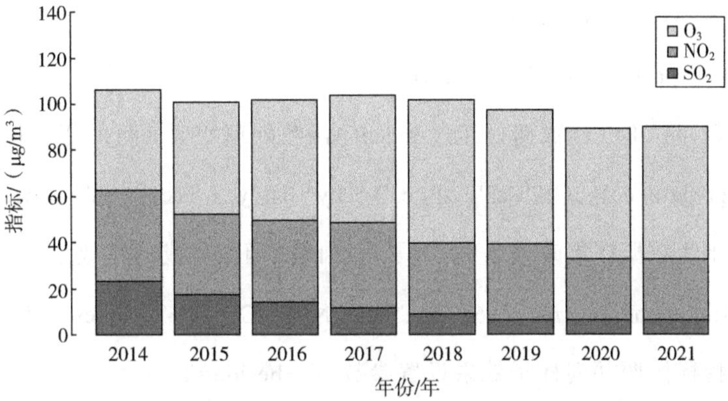

图 5.9　大气二氧化硫、二氧化氮及臭氧指标 2014～2021 年的变化情况

通过设置 barplot（　　）函数的数据对象参数，就可以得到多指标在年度时间轴上的变化情况，图 5.9 的相应参数内容为 cbind（SO2，NO2，O3）～year；为了体现条形图中的图注效果，需要设置参数 legend. text＝T；颜色参数的设置有 3 个内容，col＝rainbow（3），col. axis＝'blue'，col. lab＝'red' 分别代表柱子 3 指标的颜色分布、轴刻度值颜色及轴标签颜色。

如果在 barplot（　　）函数中增加 beside＝T 参数，图形显示效果就发生了变化，从 3 指标叠加效果改为每个指标用一个柱子表示；如图 5.10 所示。

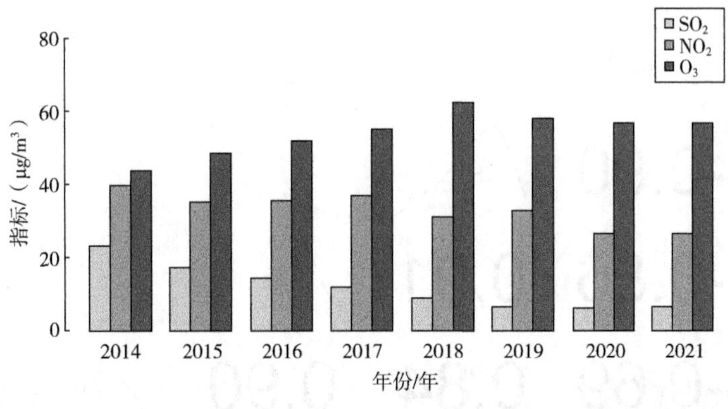

图 5.10　大气二氧化硫、二氧化氮及臭氧指标 2014～2021 年的并列对比

代码实现：

```
# 载入数据集
cc<-read.csv(file.choose())
cc1<-cc1[,c(1,4:9)]
head(cc1)
# 更改列名称，方便 aggregate()函数调用
names(cc1)<-paste0('c',1:7);names(cc1)
# 分组函数，将 2847 行数据行经过 mean()函数处理变成 8 行的年度信息数据
cc1m<-aggregate(cc1[c('c2','c3','c4','c5')],by=list(year=cc1[,'c6']),mean);cc1m
# 对 8 行年度数据框更改列名称，为了后面画图函数生成图注效果
names(cc1m);names(cc1m)[2:5]<-c('SO2','NO2','CO','O3');names(cc1m)
# 年度各指标按照并列柱子效果设置参数——beside=T
barplot(cbind(SO2,NO2,O3)~year,ylim=c(0,90),beside=T,data=cc1m,legend.text=
T,col=rainbow(3),las=1,tck=0.01,col.axis='blue',col.lab='red')
```

5.5.2 大气化学指标多元相关性分析

图 5.11 给出了二氧化硫、二氧化氮、一氧化碳及臭氧指标在 2014～2021 年的含量相关性对比情况，分为三个部分，第一部分为左下角部分，代表两两化学指标的相关系数；第二部分为右上角部分，代表两两化学指标的椭圆型折线关系；第三部分为对角线部分，代表 4 个化学指标的核密度分布曲线。

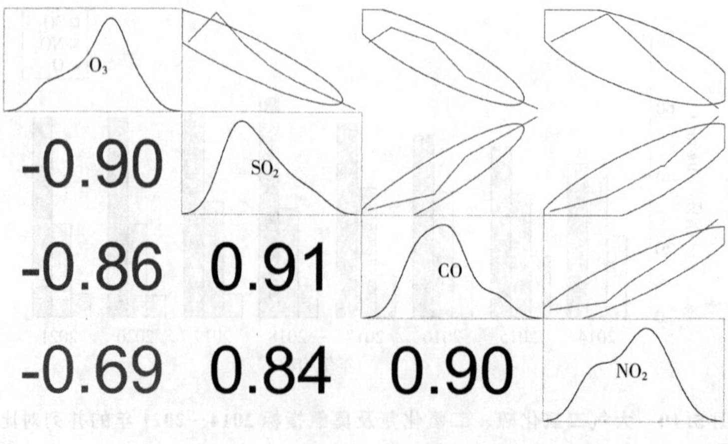

图 5.11 大气化学指标在 2014～2021 年的相关性对比

由图可知：在 4 个化学指标中，共有 6 个相关系数值；其中，相关系数最高的为 0.91，是二氧化硫与一氧化碳的两化学指标的关系，其次为臭氧与二氧化硫之间、一氧化碳与二氧化氮之间，相关系数都是 0.90；相关性最低值为 0.69，是臭氧与二氧化氮之间的关系。

代码实现：

```
# 载入数据集
cc<-read.csv(file.choose())
# 载入专用包 corrgram
library(corrgram)
# 利用 corrgram()函数生成相关图
corrgram(cc1m,order=T,lower.panel=panel.cor,upper.panel=panel.ellipse,diag.panel=
panel.density)
```

5.6　本章小结

针对某石化央企从 2014 年到 2021 年的环境颗粒物、酸雨指标数据集，分析了数据集的基本描述性统计信息，列出了颗粒物数据列（PM2.5）的标准分数信息，详细探讨了数据集分组处理技术，以获得年度、月度对比效果的可视化分析机制，实现了对数据点带“标准差”信息的可视化。

结合 R4.1.2 开源软件的强大数据分析功能，在 PM2.5 浓度月份数据集的基础上，按年份叠加对月份的影响情况信息，实现双因素效果的可视化图形；另外，在 barplot（　）函数中增加 beside=T 参数，对比显示效果发生了变化，从化学各指标叠加效果改为各指标分别用一个柱子表示效果；最后，通过 corrgram 包实现了各化学指标的相关性信息可视化。

第6章

能源大气的AQI数据可视化实战——基于Python

空气质量指数（AQI，air quality index）是一种评价大气环境质量状况的简单而直观的指标，反映了空气清洁或者污染的程度，及其对健康的影响。本章基于 Python 3.10.4 版本，结合 IDLE 及相应的库模块开展 AQI 指标的时序模型分析及预测。

6.1 AQI 的特点及数据集的预处理

6.1.1 AQI 及分级

计算空气质量指数通过五个主要污染标准：地面臭氧，颗粒物污染（也称颗粒物），一氧化碳，二氧化硫，二氧化氮。

AQI 共分六级，从一级优，二级良，三级轻度污染，四级中度污染，直至五级重度污染，六级严重污染。AQI 指数越大、级别越高，说明污染的情况越严重，对人体的健康危害也就越大。

当 PM2.5 日均值浓度达到 150μg/m^3 时，AQI 即达到 200；当 PM2.5 日均浓度达到 250μg/m^3 时，AQI 即达 300；PM2.5 日均浓度达到 500μg/m^3 时，对应的 AQI 指数达到 500。

6.1.2 AQI 数据集的载入及预处理

某电力央企大气 AQI 指标数据集包含 2847 行数据记录，时间跨度从 2014 年初到 2021 年底；数据集以 *.csv 的格式储存，其载入 Python 的过程及数据集预处理过程如下所示。

代码实现：

```
# 载入相关库
import matplotlib. pyplot as plt
import numpy as np
import pandas as pd
import os;from tkinter import filedialog
# 载入数据集，filedialog. askopenfilename()参数可以实现从资源管理器选择数据文件
# usecols=参数可以设置从数据文件载入哪些列？[0,2]代表选择第 1、3 列；
df2=pd. read_csv(filedialog. askopenfilename(),usecols=[0,2])
# 更改列名称，方便后续代码直接进行列操作
df2. columns=['datee','aqi'];df2. columns
# 将日期列的信息拆分，增加年份列
df2['year']=df2['datee']. str[0:4]
# 增加月份列，因为格式差别大，“2014/1/1”“2015/11/26”就无法使用字符串子串选取的方式，导致月份不能直接从提取，否则会出错；需要使用循环语句实现月份信息的提取。
df2. datee=pd. to_datetime(df2. datee)
# 设置过渡变量，用来存取“月份”信息
df2m=[]
#循环语句，逐个添加“月份”过渡变量的信息
for i in range(len(df2)):df2m. append(df2. datee[i]. month)
# 添加“月份”列信息
df2['month']=df2m
df2  #显示预处理完成的数据集信息
          datee  aqi  year  month
0   2014-01-01   187  2014      1
1   2014-01-02   199  2014      1
2   2014-01-03   257  2014      1
…          …      …    …       …
```

```
2845 2021-11-29  189  2021    11
2846 2021-11-30   35  2021    11
```

6.2 能源大气AQI数据集及其描述性统计信息

描述性统计是借助图表或者总结性的数值来描述数据的统计手段。数据挖掘工作的数据分析阶段，可借助描述性统计来描绘或总结数据的基本情况，既可以梳理数据分析的思路，又可以更好地展示数据分析结果。数值分析的过程中，往往要计算出数据的统计特征。

某电力央企环境大气AQI数据集的描述性统计信息如表6.1所示。由表可知：AQI平均值为75.86，最大值356，最小值13，中位数值为66。

表6.1 能源大气数据集描述性统计信息

No.	参数	函数信息	AQI
1	平均值	mean	75.86
2	标准差	sd	43.48
3	中位数	median	66.00
4	截尾取值	trimmed	69.52
5	绝对中位差	mad	31.13
6	最小值	min	13.00
7	最大值	max	356.00
8	值域	range	343.00
9	偏度	skew	1.83
10	峰度	kurtosis	4.82
11	平均值的标准误差	se	0.81
12	下四分位数	25%	47.00
13	上四分位数	75%	91.00

代码实现：

```
# 载入相关库
import numpy as np
import pandas as pd
# 描述性统计信息
print("排序:",np.sort(data))
```

```
print("求和：",np.sum(data))
print("\n集中趋势")
print("众数：",stats.mode(data)[0][0])
print("中位数：",np.median(data))
print("平均数：",np.mean(data))
print("25%分位数：",np.percentile(data,25))
print("50%分位数：",np.percentile(data,50))
print("75%分位数：",np.percentile(data,75))
print("四分位差：",np.percentile(data,75)-np.percentile(data,25))


print("极差：",ptp(data))
print("加权平均数：",np.average(data,weights=w))
print("几何平均数：",stats.gmean(data))


print("\n离中趋势")
print("方差：",var(data))
print("标准差：",std(data))
print("平均差：",np.sum(abs(data-np.mean(data)))/len(data))
print("异众比率：",1-stats.mode(data)[1][0]/len(data))
print("离散系数：",std(data)/np.mean(data))
print("偏态系数：",stats.skew(data))
print("峰态系数：",stats.kurtosis(data))
```

6.3　能源大气 AQI 数据分布分析

用来做科学计算的 NumPy 和 Pandas 工具可以实现各种各样的数据分析需求，Matpotlob 工具可用来绘制图，满足图分析的需求。

6.3.1 散点分布分析

图6.1给出了近8年大气AQI指标值的散点分布图。该图横坐标为年度时间，纵坐标为AQI值。由图可知：随着时间的推移，大气AQI值呈现逐渐下降的趋势，从2014年超过350，到2021年低于250。

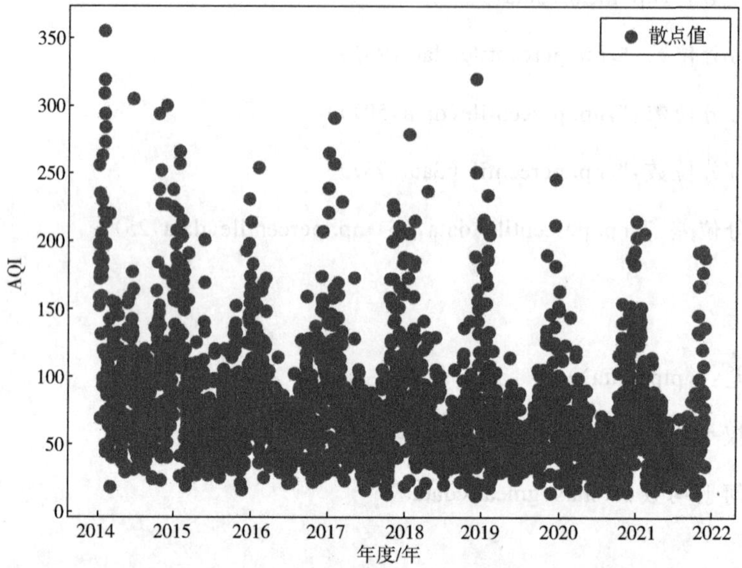

图6.1 大气AQI指标值的散点分布图

代码实现：

```
import matplotlib.pyplot as plt
# 载入字库,否则不能在图中正常显示中文
plt.rcParams['font.sans-serif']=['SimHei']
plt.rcParams['axes.unicode_minus']=False
# 绘制散点分布图
plt.scatter(df2.datee,df2.aqi,label='散点值')
plt.legend()
plt.show()
```

6.3.2 直方图分布显示

图6.2给出了近8年大气AQI指标值的直方显示图。该图横坐标为年度时间，纵坐标

标为大气 AQI 监测数值，绘图区域中，列出每年 1～12 月的 AQI 值，各月的区分按照图例中的颜色不同来实现。由图可知：2014 年、2015 年、2017 年、2019 年等年份的 1 月份 AQI 值相对最高；每年的 8 月份前后，AQI 值相对最低。

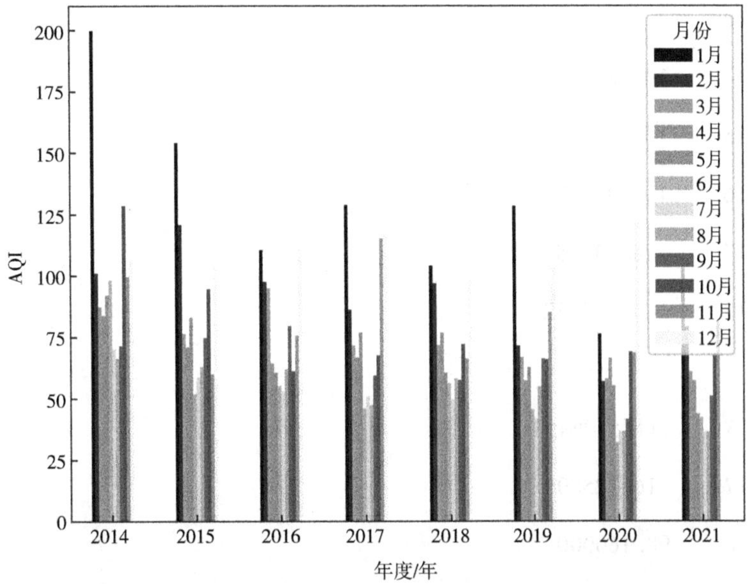

图 6.2　近 8 年大气 AQI 指标值的直方显示图

代码实现：

```
import matplotlib. pyplot as plt

import numpy as np;\

import pandas as pd;\

import os;from tkinter import filedialog;

#载入字库,否则不能在图中正常显示中文

plt. rcParams['font. sans-serif']= ['SimHei']

plt. rcParams['axes. unicode_minus']= False

#载入数据集

df2=pd. read_csv(filedialog. askopenfilename(),usecols=[0,2])

df2. columns=['datee','aqi'];df2. columns

#对原数据集进行分组处理,挖掘出每年、每月的对应的 aqi 均值
```

```
df2ym= df2. aqi. groupby([df2. month,df2. year]);df2ym. groups;df2ym. mean();df2ym. std
()
#提炼出每月均值,并且将数据框格式从下面模式:
month    year
1        2014    199. 806452
         2015    154. 096774
         2016    110. 483871
         2017    128. 935484
         2018    104. 129032
                     …
12       2016    111. 580645
         2017    116. 225806
         2018    98. 160000
         2019    102. 838710
         2020    121. 806452
Name:aqi,Length:95,dtype:float64
改为如下模式:
year        2014         2015         2016     …      2019         2020         2021
month                                                   …
1      199. 806452  154. 096774  110. 483871  …   128. 483871  76. 419355   106. 451613
2      101. 071429  120. 928571  97. 586207   …   71. 571429   56. 862069   79. 178571
3      87. 466667   76. 516129   95. 000000   …   66. 903226   57. 838710   60. 903226
4      83. 900000   71. 066667   64. 500000   …   57. 300000   66. 500000   57. 300000
5      92. 290323   83. 193548   60. 516129   …   62. 645161   55. 161290   43. 645161
6      98. 200000   51. 933333   55. 233333   …   45. 521739   32. 100000   42. 333333
7      70. 387097   58. 548387   52. 870968   …   41. 590909   36. 741935   36. 548387
8      66. 586207   63. 129032   61. 967742   …   54. 714286   36. 709677   36. 483871
9      71. 533333   74. 866667   79. 600000   …   66. 300000   41. 466667   51. 033333
```

```
10      128. 580645   94. 677419   61. 129032   …   66. 031250   69. 161290   68. 354839
11      99. 733333   60. 000000   75. 733333   …   85. 100000   68. 700000   81. 433333
12      106. 645161   104. 129032   111. 580645   …   102. 838710   121. 806452
   NaN
[12 rows x 8 columns]
#这一步至关重要,否则无法进展到下一步;实现的关键代码如下:
dff2= df2ym. mean(). unstack()

#绘制直方显示图
dff2. plot(kind= 'bar',alpha= 0. 85,colormap= 'jet')

plt. show()
```

如果更改绘制直方图的参数，增加 stacked＝True，就可以得到如图 6. 3 的外形，实现各月份的“堆叠”效果；当然，图中的调色板也作了调整，改为‘rainbow’。

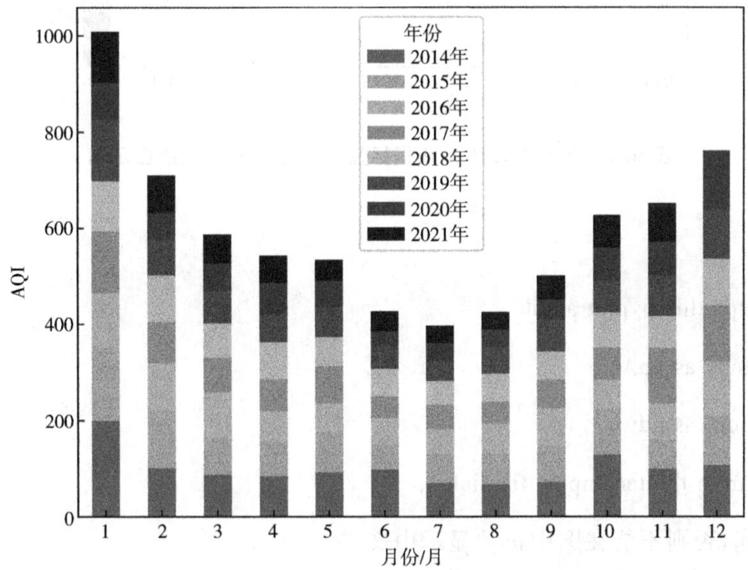

图 6. 3　近 8 年大气 AQI 指标值的直方“堆叠”效果显示图

```
#绘制“堆叠”效果直方显示图
dff2. plot(kind= 'bar',alpha= 0. 85,colormap= 'rainbow',stacked= True)
```

6.3.3 多维散点图显示

图 6.4 给出了近 8 年大气 AQI 指标值的散点分布的三维显示图。该图横坐标为年度时间，纵坐标为月份时间，通过横、纵坐标形成了一个区域网阵布局；而在该网阵所属的绘图区域中，数据点通过不同的颜色显示来反映数值高低，颜色的变化趋势代表 AQI 值的大小，该趋势由右侧的调色板色带来显示。由图可知：每年 12 月、1 月，大气 AQI 值居高不下；而每年 6 月、7 月，大气 AQI 值处于最低状态。

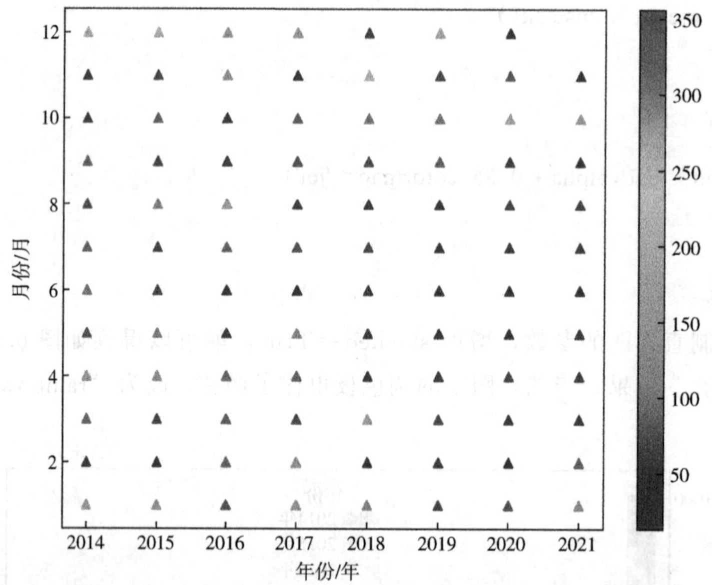

图 6.4　近 8 年大气 AQI 指标值的散点分布的三维显示图

代码实现：

```
import matplotlib. pyplot as plt
import numpy as np;\
import pandas as pd;\
import os;from tkinter import filedialog;
#载入字库,否则不能在图中正常显示中文
plt. rcParams['font. sans-serif']= ['SimHei']
plt. rcParams['axes. unicode_minus']= False
#载入数据集
df2= pd. read_csv(filedialog. askopenfilename(),usecols= [0,2])
```

```
df2. columns= ['datee','aqi'];df2. columns
#绘制散点分布三维显示图——颜色标识方式
df2. plot. scatter(x= 'year',c= 'aqi',y= 'month',colormap= 'rainbow')
#colormap 指定调色板,可选择的还有:jet,turbo,flag,prism,ocean,gist_earth,terrain,gist_stern,gnuplot,gnuplot2,brg,rainbow,gist_rainbow,gist_ncar
plt. show()
```

图 6.5 给出了近 8 年大气 AQI 指标值的散点分布的三维显示图。该图横坐标为年度时间，纵坐标为月份时间，通过横、纵坐标形成了一个区域网阵布局；而在该网阵所属的绘图区域中，数据点通过不同直径大小的实心圆来反映数值高低。由图可知：2014 年整年以及每年 12 月、1 月，大气 AQI 值都偏高，该图显示效果要比颜色变化反映数值大小的形式更直观。

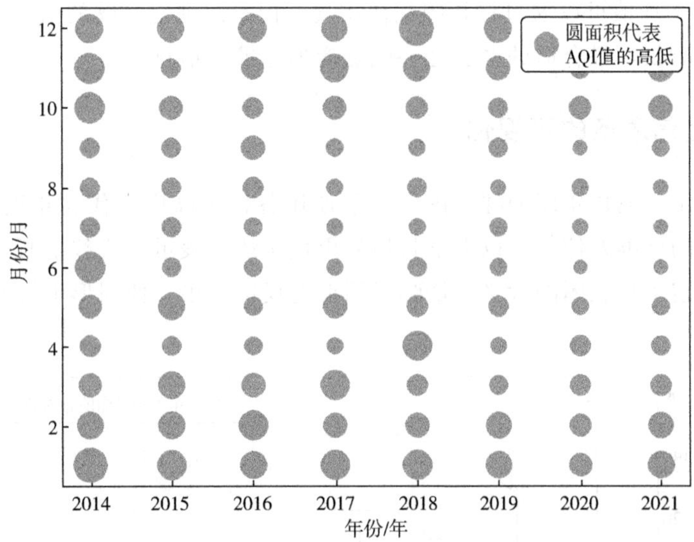

图 6.5　通过直径不同的实心圆反映近 8 年大气 AQI 指标值的散点分布

```
代码实现:
import matplotlib. pyplot as plt
import numpy as np
import pandas as pd
import os;from tkinter import filedialog
#载入字库,否则不能在图中正常显示中文
```

```
plt. rcParams['font. sans-serif']=['SimHei']
plt. rcParams['axes. unicode_minus']=False
#载入数据集
df2=pd. read_csv(filedialog. askopenfilename())
#绘制散点分布三维显示图——实心圆标识方式
df2. plot. scatter(x='year', s='aqi', y='month', use_index=True, alpha=0. 7, grid=True, color=
'violet',label='圆面积代表\naqi 值的高低')
plt. show()
```

6.4 AQI 数据带标准差的可视化实现

AQI 的年度平均值可以通过柱状图很快实现，但是总缺乏足够的信息来反映各年度的总体情况；这个时候，最合适的办法之一就是增加标准差信息。

6.4.1 标准差信息条的可视化

如图 6.6 所示，同样年度的柱状图，除了使用各柱子高度来代表年度的平均值之外，还加入了各年度的标准差信息，以上下封顶的黑色实线来表示，实线的长短取决于标准差值。该图大大丰富了柱状图的含义，增强了图形的反馈效果，使图形不仅反映均值变化，

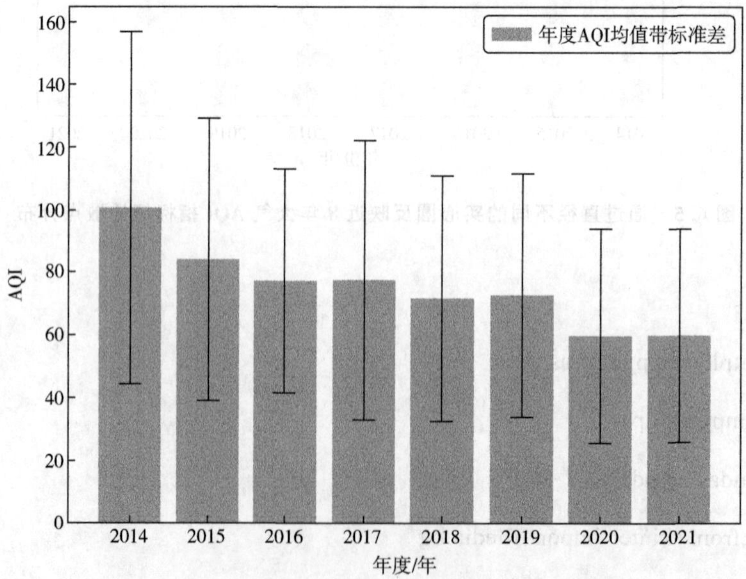

图 6.6 带标准差的大气 AQI 指标值的数据分布可视化

还反映标准差的变化情况。

代码实现：

```
import matplotlib. pyplot as plt
import numpy as np
import pandas as pd
import os;from tkinter import filedialog
#载入字库,否则不能在图中正常显示中文
plt. rcParams['font. sans-serif']=['SimHei']
plt. rcParams['axes. unicode_minus']=False
#载入数据集
df2=pd. read_csv(filedialog. askopenfilename())
#df2 进行数据分组,产生年度 AQI 均值、标准差数据序列
df2y=df2. aqi. groupby(df2. year)
df2y. groups
df2y. mean()
df2y. std()
#绘制带标准差的年度图
plt. bar(df2y. mean(). index,df2y. mean(). values,color='red',yerr=df2y. std(). values,error_kw
={'ecolor':'0. 2','capsize':6},label='年度均值带标准差')
#显示图例
plt. legend(loc=1)
#输出图形
plt. show()
```

6.4.2 标准差信息条及数值的可视化

图 6.7 给出了带标准差数据信息的年度柱状图，在图 6.6 的基础上，增加了数据值在图中的显示功能，使图形不仅可以反映均值与标准差的变化情况，还直接列出了均值与标准差的实际数值，使图形的对比效果大大增强。

在代码中，图 6.7 中的数值显示格式为“年度均值+/-\n年度标准差”，其中符号

"\n"代表回车效果。由图可知：从2014年到2021年，不仅年度AQI的均值从100.9降低到60.2，而且标准差也有大幅度的下降；从2014年的55.99降低到2021年的34.22，进步非常明显。

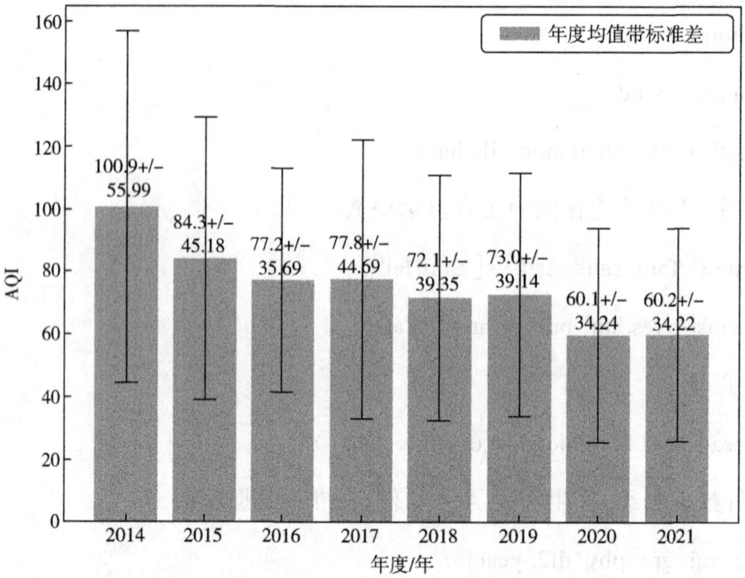

图6.7　带标准差的大气AQI指标值的可视化——强化版本

代码实现：

```
import matplotlib. pyplot as plt
import numpy as np
import pandas as pd
import os;from tkinter import filedialog
#载入字库,否则不能在图中正常显示中文
plt. rcParams['font. sans-serif']= ['SimHei']
plt. rcParams['axes. unicode_minus']= False
#载入数据集
df2= pd. read_csv(filedialog. askopenfilename())
#df2进行数据分组,产生年度AQI均值、标准差数据序列
df2y= df2. aqi. groupby(df2. year);df2y. groups;df2y. mean();df2y. std()
#产生格式为"'年度均值','+ /-\ n','年度标准差'"的数值显示内容
```

```
y= np. round(df2y. mean(). values,2);std= np. round(df2y. std(). values,2);
std1= []
for i in range(8):std1. append([str(y[i]),'+ /-\ n',str(std[i])])
#产生格式为"年度均值+ /-\ n 年度标准差"的数值显示内容
for i in range(8):std1[i]= ''. join(std1[i])



#绘制带标准差的年度图
plt. bar(df2y. mean(). index,df2y. mean(). values,color= 'red',yerr= df2y. std(). values,
error_kw= {'ecolor':'0. 2','capsize':6},label= '年度均值带标准差')
#添加数值显示内容
for a,b,z in zip(x,y,std1):plt. text(a,b+ 15,z,color= 'b',ha= 'center',va= 'top',fontsize=
12)
#显示图例
plt. legend(loc= 1)
#输出图形
plt. show()
```

6.5　本章小结

本章针对能源领域大气 AQI 指标数据集，通过数据框操作指令 df2 ['year'] =df2 ['datee'] . str [0:4]，实现将日期列的信息拆分，增加年份列；添加“月份”列的信息要复杂些，必须先将日期列的数据格式更改，才能通过对“日期时间”格式的“月份”提取。

Python 的库模块 NumPy 和 Pandas 可以做科学计算，实现各种各样的数据分析需求，Matpotlob 工具可用来绘制图近 8 年大气 AQI 指标值的各种散点分布图，如条状堆叠型、条状并列型、三维颜色区分型及三维圆直径区分型。

带标准差数据信息的年度条状图不仅反映了均值与标准差的变化情况，还直接列出了均值与标准差的实际数值，使图形的对比效果大大增强；从 2014 年到 2021 年，不仅年度 AQI 的均值从 100.9 降低到 60.2，标准差也有大幅度的下降；从 2014 年的 55.99 降低到 2021 年的 34.22。

致谢开源软件 Python 3.10.4 的开发机构，具体包括：

第7章 数据回归拟合预测一体化实战——基于Python

7.1 AQI数据分布的点线图可视化

通过 Python 的库模块 Matpotlob、NumPy 和 Pandas，绘制出近 8 年的年度平均 AQI 数据的分布点线图，如图 7.1 所示。该图横坐标代表 2014～2021 年，纵坐标代表各年的年均 AQI 值。由图可知：从 2014 年到 2021 年，AQI 值明显降低，从 2014 年的 100.87 到 2021 年的 60.19。

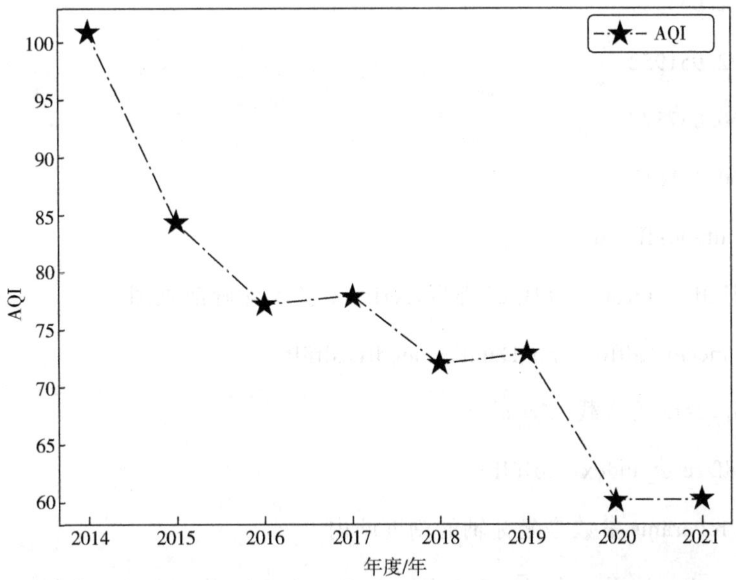

图 7.1　近 8 年的年度平均 AQI 数据分布点线图

代码实现：

```
import matplotlib. pyplot as plt
import numpy as np
import pandas as pd
import os;from tkinter import filedialog
#载入字库，否则不能在图中正常显示中文
plt. rcParams['font. sans-serif']= ['SimHei']
plt. rcParams['axes. unicode_minus']= False
#载入数据集
df2= pd. read_csv(filedialog. askopenfilename())
#df2 进行数据分组，产生年度 AQI 均值、标准差数据序列
df2y= df2. aqi. groupby(df2. year);df2y. groups;df2y. mean()
year
2014      100. 870166
2015      84. 342466
2016      77. 163934
2017      77. 803279
2018      72. 053521
2019      72. 951952
2020      60. 057377
2021      60. 191617
Name:aqi,dtype:float64
#必须先把 df2y. mean()改成 df 类型，series 对象不能画散点图
dff= df2y. mean();dffdf= pd. DataFrame(dff);dffdf
#取消索引，否则无法载入'year'列
dffdf= dffdf. reset_index();dffdf
#设置 plt. rcParams 参数是坐标轴的刻度朝内
plt. rcParams['xtick. direction']= 'in';plt. rcParams['ytick. direction']= 'in'
```

```
#绘制 aqi~year 的点线图,点的符号为星号、线型为点划线、颜色为红色
dffdf. plot('year','aqi',marker= '* ',markersize= 13,color= 'red',linestyle= '-. ')
plt. show()
```

7.2　AQI 数据的线型回归模型及拟合分析

通过 Python 的库模块 NumPy，对年度时间及近 8 年的年均 AQI 数据建立分布矩阵，结合 np. linalg. lstsq（　　）函数生成线性回归模型。

7.2.1　线性回归模型的建立

图 7.2 为根据 np. linalg. lstsq（　　）函数得到的线性回归拟合值与原始值的对比情况，该图横坐标代表 2014～2021 年，纵坐标代表各年的年均 AQI 值，星号及点划线代表 AQI 的原始数据分布，圆点及点划线代表 AQI 的模型拟合数据；该线性模型系数为 array（[－5.05404762e＋00，1.02722186e＋04]），得到线性回归方程为：$y=-5.05x+10272.19$。

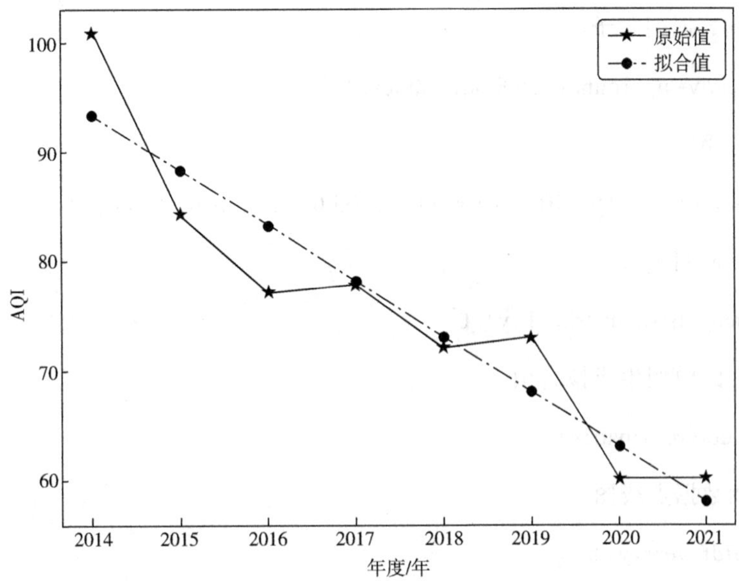

图 7.2　近 8 年的年均 AQI 数据的线性回归模型

```
代码实现:
import matplotlib. pyplot as plt
```

```
import numpy as np
import pandas as pd
import os;from tkinter import filedialog
#载入字库,否则不能在图中正常显示中文
plt. rcParams['font. sans-serif']=['SimHei']
plt. rcParams['axes. unicode_minus']=False
#载入数据集
df2=pd. read_csv(filedialog. askopenfilename())
#df2 进行数据分组,产生年度 AQI 均值、标准差数据序列
df2y=df2. aqi. groupby(df2. year);df2y. groups;df2y. mean()
#设置 plt. rcParams 参数是坐标轴的刻度朝内
plt. rcParams['xtick. direction']='in';plt. rcParams['ytick. direction']='in'
#将年度 AQI 均值传递给一个数据框变量
dff=df2y. mean();dffdf=pd. DataFrame(dff)
#将数据框数据列赋予给 x,y
x=dffdf. year;y=np. round(dffdf. aqi. values,2)
#构建分布矩阵
matrix=np. zeros((2,len(dffdf. year)));matrix[0,:]=x;matrix[1,:]=1
#生成线性回归模型
reg=np. linalg. lstsq(matrix. T,y)[0]
#根据产生的模型生成拟合值
predy=np. dot(reg,matrix)
#绘制原始数据点线图
plt. plot(dffdf. year,y,'b')
#绘制拟合数据点线图
plt. plot(dffdf. year,predy,'r')
#显示图形
plt. show()
```

7.2.2　回归模型的诊断分析

基于 np.linalg.lstsq（　　）函数得到的线性回归模型，可以得到对 x 的拟合值为 array（[93.36666667，88.31261905，83.25857143，78.20452381，73.15047619，68.09642857，63.04238095，57.98833333]）；模型的残差平方和、回归平方和及总平方和的计算过程分别如下面代码所示，得到 SSE、SSR、SST 的值分别为 147.95、1072.82、1220.77；在此基础上，可以计算得到相关系数 R^2 为 0.8788，说明该回归直线对观测值的拟合程度不是最优的。

```
#模型的残差平方和
SSE=((y-predy)** 2).sum();SSE
147.9480619047347
SSR=((predy-y.mean())** 2).sum();SSR
1072.8226880951229
SST=((y-y.mean())** 2).sum();SST
1220.7707500000004
R2=1-SSE/SST
0.8788076615492838
```

7.3　AQI 数据的多项式模型及优化

通过 Python 的库模块 NumPy，对年度时间及近 8 年的年均 AQI 数据建立分布矩阵，结合 np.polyfit（　　）函数生成多项式回归模型。

7.3.1　多项式回归模型的建立

图 7.3 为根据 np.polyfit（　　）函数得到的多项式回归拟合值与原始值的对比情况；该图横坐标代表 2014～2021 年，纵坐标代表各年的年均 AQI 值。由图可知：大的星号及点划线代表 AQI 的原始数据分布，小的星号及点划线代表 AQI 的模型拟合数据；该多项式模型系数为 array（[4.29765846e-01，－1.73915949e＋03，1.75954908e＋06]），得到多项式回归方程为：$y=0.43x^2+1739x+1759549$，该模型的相关系数为 0.9043。

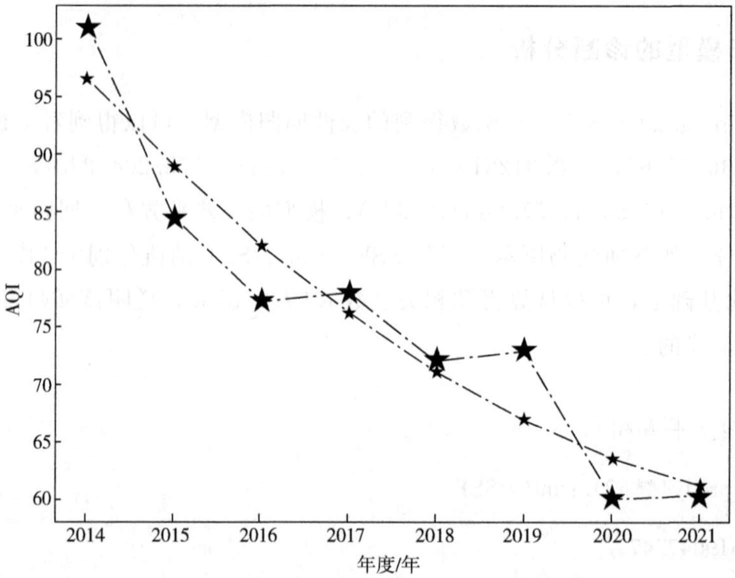

图 7.3 近 8 年的年均 AQI 数据的线性回归模型

代码实现：

```
import matplotlib. pyplot as plt
import numpy as np
import pandas as pd
import os;from tkinter import filedialog
#载入字库,否则不能在图中正常显示中文
plt. rcParams['font. sans-serif']=['SimHei']
plt. rcParams['axes. unicode_minus']=False
#设置 plt. rcParams 参数是坐标轴的刻度朝内
plt. rcParams['xtick. direction']='in';plt. rcParams['ytick. direction']='in'
#载入数据集
df2=pd. read_csv(filedialog. askopenfilename())
#df2 进行数据分组,产生年度 AQI 均值、标准差数据序列
df2y=df2. aqi. groupby(df2. year);df2y. groups;df2y. mean()
#将年度 AQI 均值传递给一个数据框变量
dff=df2y. mean();dffdf=pd. DataFrame(dff)
```

```
#将数据框数据列赋予给 x,y
x=dffdf. year;y=np. round(dffdf. aqi. values,2)


#生成 2 次多项式模型
z1=np. polyfit(dffdf. year,dffdf. aqi,2)
#根据产生的模型生成拟合值
p1=np. poly1d(z1);predy=p1(x)


#绘制原始数据点线图
dffdf. plot('year','aqi',marker='* ',markersize=13,color='red',linestyle='-.')
#绘制拟合数据点线图
plt. plot(x,y_pre,'b* -.')
#显示图形
plt. show()
```

7.3.2　多项式回归模型的诊断分析

基于 np. polyfit（　　）函数得到的回归模型，可以得到对 x 的拟合值为 array（[96.37769117，88.74479857，81.97143767，76.05760846，71.00331095，66.80854512，63.47331099，60.99760855]）；模型的残差平方和、回归平方和及总平方和的计算过程分别如下面代码所示，得到 SSE、SSR、SST 的值分别为 116.88、1103.96、1220.84；在此基础上，可以计算得到相关系数 R^2 为 0.9043，说明该多项式回归曲线对观测值的拟合程度比较理想。

```
#模型的残差平方和
SSE =((y-predy)** 2). sum();SSE
116. 88493043805752
SSR=((predy-y. mean())** 2). sum();SSR
1103. 9581607781565
SST=((y-y. mean())** 2). sum();SST
```

```
1220. 8430911813673
R2=1-SSE/SST
0. 9042588426945579
```

7.3.3 优化多项式回归模型及其诊断

为了使多项式模型的拟合效果更理想，可以调整np. polyfit（ ）函数得到的多项式回归参数，经过试验验证，可以认为：四次多项式模型最适合AQI值的数值分布建模，拟合效果最好。

如下代码给出了优化四次多项式模型及模型诊断的源代码。基于此段的分析可知：该多项式模型系数为array（[1.40789670e-01，－1.13646707e＋03，3.44012317e＋06，－4.62816044e＋09，2.33493011e＋12]），得到多项式回归方程为：$y=0.14x^4-1136x^3+3440123x^2-4.62\times10^9x+2.33\times10^{12}$。

基于np. polyfit（ ）函数得到的优化回归模型，可以得到对x的拟合值为array（[101.16113281，83.39941406，78.15771484，76.90576172，74.50146484，69.17724609，62.54492188，59.59863281]）；模型的残差平方和、回归平方和及总平方和的计算过程分别如下面代码所示，得到SSE、SSR、SST的值分别为29.55、1191.33、1220.88；在此基础上，可以计算得到相关系数R^2为0.9758，说明该优化多项式回归曲线对观测值的拟合程度最理想。

```
#生成4次多项式模型
z1=np. polyfit(dffdf. year,dffdf. aqi,4)
#根据产生的模型生成拟合值
p1=np. poly1d(z1);predy=p1(x)

#模型的残差平方和
SSE =((y-predy)** 2). sum();SSE
29. 547486542524535
SSR=((predy-y. mean())** 2). sum();SSR
1191. 334459952188
SST=((y-y. mean())** 2). sum();SST
1220. 8799999999999
```

```
R2=1-SSE/SST
0.9757974740931429
```

7.4　AQI 数据的组合多图可视化

7.4.1　条状图及点线分布图的组合可视化

图 7.4 给出了 AQI 数据的条状图、点线分布图两种形式的组合可视化效果。

该图横坐标为年度时间，纵坐标为 AQI 值；图中画出两种图形，分别是条状图及点线图，其中条状图包含年度均值和年度标准差两个信息值。

由图可知：从年度时间的角度来看，AQI 年度均值基本呈现逐年下降趋势，只是在 2020 年、2021 年的数值上没有明显趋势，这两年的数据基本相同。图中浅灰色条柱代表年度的 AQI 标准差值，该值可以反映年度范围内 AQI 数据的集中程度，数值越小，说明该年度的 AQI 值越集中于均值附近；从年均标准差的数值上看，2016 年度内，AQI 数值的集中程度最高，即该年度 AQI 标准差值最小。

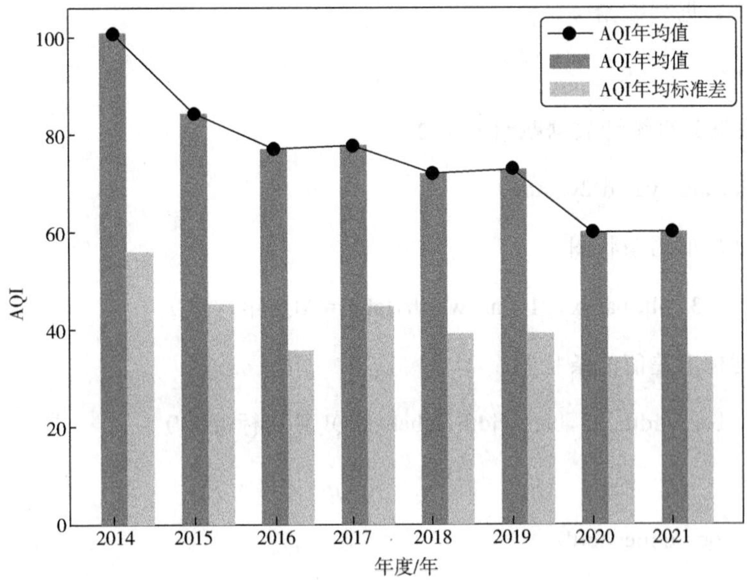

图 7.4　AQI 数据的条状图、点线分布图的组合图形

代码实现：

```
import matplotlib.pyplot as plt
import numpy as np
import pandas as pd
```

```
import os;from tkinter import filedialog
#载入字库,否则不能在图中正常显示中文
plt. rcParams['font. sans-serif']= ['SimHei']
plt. rcParams['axes. unicode_minus']= False
#设置 plt. rcParams 参数是坐标轴的刻度朝内
plt. rcParams['xtick. direction']= 'in';plt. rcParams['ytick. direction']= 'in'
#载入数据集
df2=pd. read_csv(filedialog. askopenfilename())
#df2 进行数据分组,产生年度 AQI 均值、标准差数据序列
df2y=df2. aqi. groupby(df2. year);df2y. groups;df2y. mean()
#将年度 AQI 均值传递给一个数据框变量
dff=df2y. mean();dffdf=pd. DataFrame(dff)
#将数据框数据列赋给 x
x=dffdf. year
#将 df2 数据分组统计数据赋给 y1,y2
y1=df2y. mean();y2=df2y. std()
#绘制年度均值的条状图
bar_width=0. 35;plt. bar(x,y1,bar_width,label='AQI 年均值')
#绘制年度标准差值的条状图
plt. bar(x+ bar_width,y2,bar_width,label='AQI 年均标准差')
#显示图例
plt. legend(loc='upper left')
#绘制点线图,设置颜色为红色
plt. plot(x,y1,ls='-',lw=2,color='r',marker='o',label='AQI 年均值')
#显示图例
plt. legend()
#显示组合图形
plt. show()
```

7.4.2　组合图的双 Y 轴可视化

图 7.5 给出了 AQI 数据的条状图、点线分布图两种形式的组合且添加双 Y 轴的可视化效果。

相比较于图 7.4，图 7.5 增加了第二 Y 轴的辅助显示功能，第二 Y 轴对应的是点线图的数据显示，这样就使点线图只占了 Y 轴的一小部分；第二 Y 轴的出现，使点线图的数据分布可以占满整个图的大部分空间，数据分布的可视化效果大大增强。

当然，察看图 7.5 时，就必须对准各自的 Y 轴，否则容易出错。图中条状图的图例位于图中左上角，对应的是条状图，Y 轴位于左侧；图中点线图的图例位于图中右上角，对应的是点线图，Y 轴位于右侧。

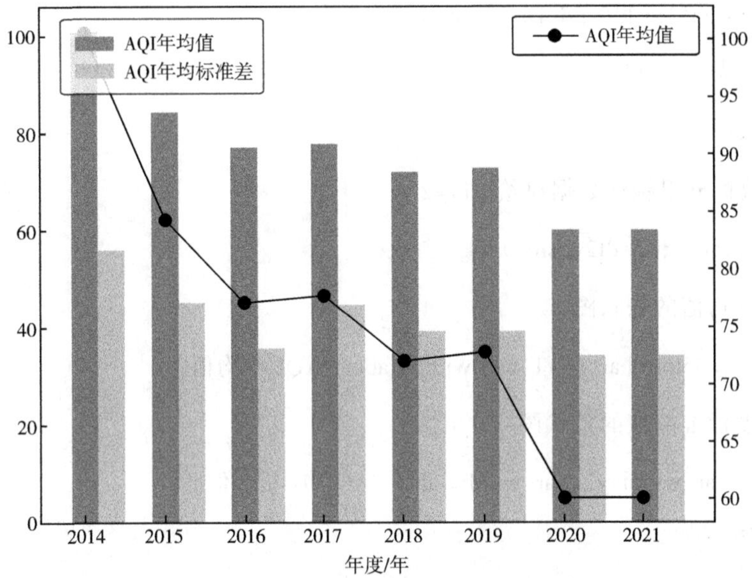

图 7.5　AQI 数据分析的双 Y 轴组合图形

代码实现：

```
import matplotlib. pyplot as plt
import numpy as np
import pandas as pd
import os;from tkinter import filedialog
# 载入字库，否则不能在图中正常显示中文
plt. rcParams['font. sans-serif']=['SimHei']
```

```
plt. rcParams['axes. unicode_minus']=False
#设置 plt. rcParams 参数是坐标轴的刻度朝内
plt. rcParams['xtick. direction']='in';plt. rcParams['ytick. direction']='in'
#载入数据集
df2=pd. read_csv(filedialog. askopenfilename())
#df2 进行数据分组，产生年度 AQI 均值、标准差数据序列
df2y=df2. aqi. groupby(df2. year);df2y. groups;df2y. mean()
#将年度 AQI 均值传递给一个数据框变量
dff=df2y. mean();dffdf=pd. DataFrame(dff)
#将数据框数据列赋给 x
x=dffdf. year
#将 df2 数据分组统计数据赋给 y1，y2
y1=df2y. mean();y2=df2y. std()
#绘制年度均值的条状图
bar_width=0. 35;plt. bar(x,y1,bar_width,label='AQI 年均值')
#绘制年度标准差值的条状图
plt. bar(x+ bar_width,y2,bar_width,label='AQI 年均标准差')
#显示图例
plt. legend(loc='upper left')
#启动次坐标轴上的绘制图框
plt. twinx()
#在次坐标轴上绘制折线图
plt. plot(x,y1,ls='-',lw=2,color='r',marker='o',label='AQI 年均值')
#显示图例
plt. legend()
#显示组合图形
plt. show()
```

7.4.3　组合图的综合分析可视化

图 7.6 给出了图 7.4、图 7.5 的综合效果图。该图具备了前面两个图的所有显示信息，横坐标为年度时间，纵坐标为 AQI 值，其中左侧的范围是（0，100），右侧纵轴的范围是（60，100）。

图 7.6 的条状图部分都对应左侧纵轴，而点线图部分稍微复杂些，其中位置偏高的点线图对应左侧纵轴，而位置偏低的点线图对应右侧纵轴。

该图对 AQI 数据挖掘分析的显示效果并没有增强很多，但是，该图最大的功能是提供了可视化的过程比较，即针对本节第 1 部分、本节第 2 部分，做了非常详细的对比分析，从而提供了组合图、双 Y 图可视化功能实现的具体思路。

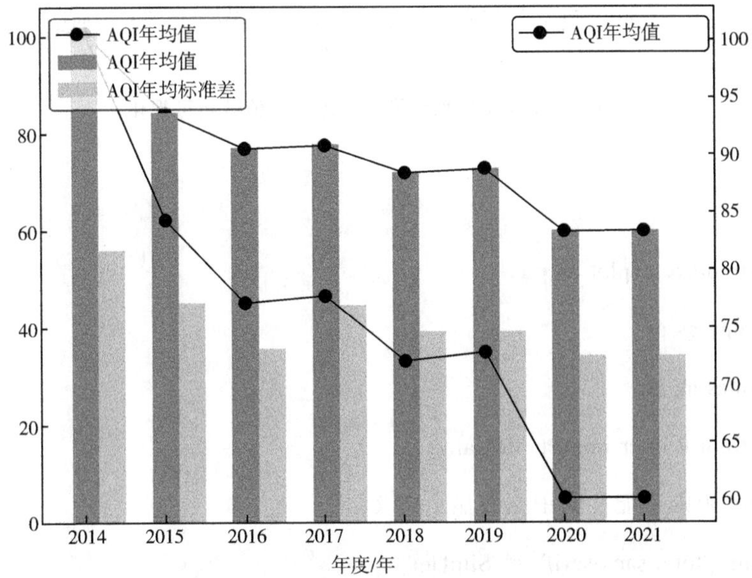

图 7.6　AQI 数据挖掘分析的综合效果图

7.4.4　AQI 年度均值及标准差的差值效果可视化

图 7.7 给出了 AQI 年度均值及标准差的差值分析的可视化效果图。

图 7.7 的条状图部分都对应左侧纵轴，条状图的数据代表每个年度中，均值与标准差的差值，例如 2014 年的 AQI 年均值为 100.87，该年的标准差为 55.99，二者之差为 44.88，如图中 2014 年的对应值。

点线图部分包含两条线，其中位置偏高的点线图对应 AQI 的年均值；而位置偏低的点线图对应 AQI 的年度标准差。

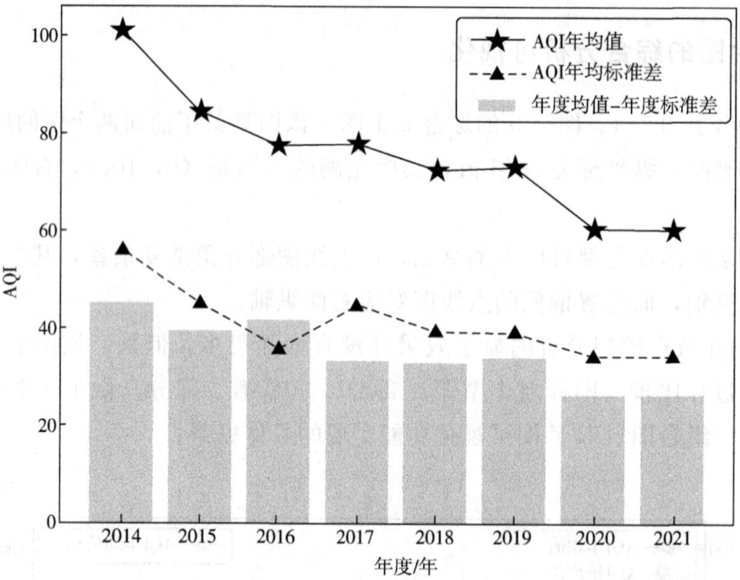

图 7.7　AQI 年度均值及标准差的差值分析可视化

代码实现：

```
import matplotlib. pyplot as plt
import numpy as np
import pandas as pd
import os;from tkinter import filedialog
#载入字库,否则不能在图中正常显示中文
plt. rcParams['font. sans-serif']=['SimHei']
plt. rcParams['axes. unicode_minus']=False
#设置 plt. rcParams 参数是坐标轴的刻度朝内
plt. rcParams['xtick. direction']='in';plt. rcParams['ytick. direction']='in'
#载入数据集
df2=pd. read_csv(filedialog. askopenfilename())
#df2 进行数据分组,产生年度 AQI 均值、标准差数据序列
df2y=df2. aqi. groupby(df2. year);df2y. groups;df2y. mean()
#将年度 AQI 均值传递给一个数据框变量
dff=df2y. mean();dffdf=pd. DataFrame(dff)
```

```
#将数据框数据列赋给 x
x=dffdf.year
#将 df2 数据分组统计数据赋给 y1,y2
y1=df2y.mean();y2=df2y.std()
#绘制年度均值的点线图
plt.plot(x,y1,'r* -',lw=2,markersize=18,label='AQI 年均值')
#绘制年度标准差的点线图
plt.plot(x,y2,'b^--',lw=2,label='AQI 年标准差')
#绘制年度均值与标准差值差额的条状图
plt.bar(x,y1-y2,color='g',label='年度均值-年度标准差')
#显示图例
plt.legend(loc='upper left')
#显示组合图形
plt.show()
```

7.5 能源化学人工智能的初步实现

7.5.1 人工智能及其与 Python 的关系

人工智能通俗来讲就是人为地通过嵌入式技术把程序写入机器中使其实现智能化。深度学习人工智能时，由于计算太复杂，还要写 C＋＋代码操作，这就需要搭建相关模型、填写参数、导入数据；在这个基础上，就可以开始训练模型、得出结果。

人工智能的核心算法，是完全依赖于 C/C＋＋的，因为是计算密集型，需要非常精细的优化，还需要 GPU、专用硬件之类的接口，这些都只有 C/C＋＋能做到。所以，某种意义上说其实 C/C＋＋才是人工智能领域最重要的语言。Python 是这些库的 API binding，要开发一个其他语言到 C/C＋＋的跨语言接口，Python 是最容易的，比其他语言的门槛要低不少，CPython 的 C API 是双向融合的，可以直接对外展示封装过的 Python 对象，还可以允许用户通过继承这些自定义对象来引入新特性，甚至可以从 C 代码当中再调用 Python 的函数。

这是目前实现人工智能最实用的方法。

由于需要往搭建的模型填写的参数太多，各种选项也很难做成直观的图形工具。这时，只能用一个类似 Python 的相对好用的语言，通过简化的程序代码来搭建相关模型、填写参数、导入数据，并调用执行函数进行训练。

Python 语言就被广泛用来描述模型、传递参数、转换好输入数据，然后在深度学习框架里面去计算、处理。所以，提到人工智能就一定会提到 Python，有的初学者甚至认为人工智能和 Python 是画等号的。

Python 是一种计算机程序设计语言，是一种动态的、面向对象的脚本语言，开始时用于编写自动化脚本（shell），随着版本的不断更新和语言新功能的添加，越来越多地被用于独立的、大型人工智能项目的开发。

AIML（artificial intelligence markup language，人工智能标记语言），是一种创建自然语言软件代理的 XML 语言，是由 Richard Wallace 和世界各地的自由软件社区在 1995 年至 2002 年发明的。

7.5.2 基于 AIML 的能源化学人工智能

（1）通过 pip install aiml 安装专用库模块。

（2）Python aiml 安装完成后，在 Python 安装目录下的 C：\\Users\\Administrator\\AppData\\Local\\Programs\\Python\\Python310-32\\Lib/site-packages\aiml\botdata 下会有 alice 子目录，将此目录复制到工作区。

（3）启动 Python 开发环境，设置好工作目录为前一步所说的“alice”目录；载入库模块及设置目录的代码如图 7.8 所示。

```
import os, sys;\


os.chdir('./alice') ;os.getcwd()
'E:\\004-Pv3.10.4\\alice'
```

图 7.8 能源化学人工智能启动前设置

（4）设定“能源化学人工智能”变量为 chemAI，chemAI 的启动需要如下指令：chemAI=aiml. Kernel（ ）；chemAI. learn（" startup. xml"）；chemAI. respond（‘能源化学人工智能’），启动成功后的界面如图 7.9 所示。

（5）通过指令 while True：print（chemAI. respond（input（‘您需要问什么？\n’）））进入“人机交互”工作模式，目前还只能接收英文问题的回答，界面如图 7.10 所示。

目前，能源化学人工智能还处于初级阶段，还需要重点针对 AIML 体系进行专业化的完善，才能满足实际工程的需求。

```
>>> chemAI = aiml.Kernel();chemAI.learn("startup.xml");chemAI.respond
...
    Loading startup.xml...done (0.00 seconds)
    Loading ai.aiml...done (0.01 seconds)
    Loading alice.aiml...done (0.01 seconds)
    Loading astrology.aiml...done (0.00 seconds)
    Loading atomic.aiml...done (0.15 seconds)
    Loading biography.aiml...done (0.04 seconds)
    Loading bot.aiml...done (0.16 seconds)
    Loading bot_profile.aiml...done (0.00 seconds)
    Loading client.aiml...done (0.07 seconds)
    Loading client_profile.aiml...done (0.03 seconds)
    Loading computers.aiml...done (0.01 seconds)
    Loading continuation.aiml...done (0.00 seconds)
    Loading date.aiml...done (0.00 seconds)
    Loading default.aiml...done (0.29 seconds)
    Loading drugs.aiml...done (0.00 seconds)
    Loading emotion.aiml...done (0.01 seconds)
    Loading food.aiml...done (0.00 seconds)
    Loading geography.aiml...done (0.06 seconds)
    Loading gossip.aiml...done (0.00 seconds)
    Loading history.aiml...done (0.00 seconds)
    Loading humor.aiml...done (0.00 seconds)
    Loading imponderables.aiml...done (0.00 seconds)
    Loading inquiry.aiml...done (0.00 seconds)
    Loading interjection.aiml...done (0.00 seconds)
    Loading iu.aiml...done (0.00 seconds)
    Loading knowledge.aiml...done (0.13 seconds)
    Loading literature.aiml...done (0.00 seconds)
    Loading loebner10.aiml...done (0.00 seconds)
    Loading money.aiml...done (0.00 seconds)
    Loading movies.aiml...done (0.00 seconds)
    Loading mp0.aiml...done (0.32 seconds)
    Loading mp1.aiml...done (0.32 seconds)
    Loading mp2.aiml...done (0.28 seconds)
    Loading mp3.aiml...done (0.33 seconds)
    Loading mp4.aiml...done (0.32 seconds)
    Loading mp5.aiml...done (0.27 seconds)
    Loading mp6.aiml...done (0.15 seconds)
    Loading music.aiml...done (0.00 seconds)
```

图 7.9　能源化学人工智能的启动

```
nobel prize
Who is your favorite Science Fiction author?
您需要问什么？
chemistry
CHEMISTRY is a good topic.Sure,  CHEMISTRY  sounds like a good topic.
您需要问什么？
power
How did you hear about Nameless?
您需要问什么？
engineering
How can I help you?
您需要问什么？
rotor
Airplanes have an indestructible black box. Why don't they make the whole plane
out of that stuff?
您需要问什么？
pump
I've heard that about labor before.
```

图 7.10　能源化学人工智能的“交互”功能

7.6 本章小结

通过Python的库模块Matpotlob、NumPy和Pandas，本章首先绘制出近8年的年度平均AQI数据的分布点线图；然后以Python库模块NumPy的np. linalg. lstsq（　　）函数为基础，对年度时间及近8年的年均AQI数据建立分布矩阵，生成线性回归模型，得到线性回归方程 $y=-5.05x+10272.19$。

在此基础上，根据库模块NumPy的np. polyfit（　　）函数得到的多项式回归模型，其多项式回归方程 $y=0.43x^2+1739x+1759549$，该模型的相关系数为0.9043；通过调整np. polyfit（　　）建模函数的多项式回归参数，经过试验验证，可以认为：四次多项式模型最适合AQI值的数值分布建模，拟合效果最好，相关系数为0.9758。

结合Python的库模块Matpotlob，实现AQI数据的条状图、点线分布图两种形式的组合可视化效果，并通过plt. twinx（　　）函数实现添加双Y轴的可视化效果。

最后，本章结合python的优秀库模块AIML，开发了基于AIML的能源化学人工智能的初级版本，为以后开发系统化的能源化学领域人工智能奠定了基础。

参考文献

[1] 张芳，林木松，杨晓焱．应用化学前沿及创新方法．北京：化学工业出版社，2019.

[2] Robert I. Kabacoff. R 语言实战，2 版．北京：人民邮电出版社，2016.

[3] Fabio Nelli. Python 数据分析实战．北京：人民邮电出版社，2016.

[4] 李宇春．现代工业腐蚀与防护．北京：化学工业出版社，2018.

[5] 李宇春．核电站水化学控制工况．北京：化学工业出版社，2008.

[6] 李宇春，吴青华，张芳，等．一种核电厂蒸汽发生器泄漏的诊断方法．CN202010038313. 1 2022. 03. 04.

[7] 李宇春，王兴平，刘子涵，等．316L 和 HR-2 不锈钢的盐酸露点腐蚀行为．材料保护．2019，52（9）：117-124.

[8] Yuchun Li，Hongliang Zhang，Yuwu He. Evaluation of Anticorrosion Performance of New Materials for Alternative Superheater Tubes in Biomass Power Plants. High temperature materials and processes. 2016，35（8）：799-803.

[9] R Core Team （2021）. R：A language and environment for statistical computing. R Foundation for Statistical Computing，Vienna，Austria. URL https：//www. R-project. org/.

[10] 余菲．超临界直流锅炉水冷壁管 T23 材料的腐蚀行为研究［D］．长沙理工大学，2011.

[11] 蒋娅．火电机组过热器管 T91 材料的腐蚀行为研究［D］．长沙理工大学，2012.

[12] 刘晓伟．石灰石-石膏湿法烟气脱硫装置的腐蚀机理与防护技术研究［D］．长沙理工大学，2013.

[13] 庞飞飞．P92 新型铁素体耐热钢腐蚀行为研究［D］．长沙理工大学，2013.

[14] 李宇春．核电站水化学控制工况［M］．北京：化学工业出版社，2008.

[15] 张芳，李宇春，朱志平，等．电厂水处理技术［M］．北京：中国电力出版社，2014.

[16] 乔思豫．ORP 表在 AP1000 电站除盐水系统中的应用实践［J］．科技展望，2016，26（09）：85.

[17] 沈红 马丽萍．核电厂设备状态监测及应用［J］．华东电力，2014，42（12）：2635-2637.

[18] 长沙理工大学．基于腐蚀大数据的专家分析软件．CN2018SR727413. 2018. 09. 10.

[19] 长沙理工大学．锅炉水化学故障诊断软件．CN2018SR730293. 2018. 09. 10.

[20] 长沙理工大学．循环流化床锅炉燃烧状态诊断软件．CN2016SR274664. 2016. 09. 26.

[21] 长沙理工大学．变电站运行状态诊断软件．CN2016SR274644. 2016. 09. 26.

[22] 李宇春．基于时间轴事件的可视化软件．CN2023SR0267663. 2023. 02. 21.

[23] 李宇春 李梓昕．基因碱基数据规整及可视化软件．CN2023SR0267601. 2023. 02. 21.

[24] 李梓昕．金融热词分析及可视化软件．CN2023SR0266788. 2023. 02. 21.

后　记

本书是作者多年来实际开发工作成果的总结，从最早使用Delphi开发火电企业的数据采集软件、电厂运行指标诊断软件，之后使用组态王软件、linux平台及数据库软件开发电网传感器实时监测诊断项目，到后来使用Swiprolog、SQL开发核电化学知识库项目；并于2013年起接触、熟悉R语言、Python设计开发数据可视化及建模预测等，从服务于“能源类工科专业”的角度，逐渐熟悉这两种计算机语言，这段历程非常值得回忆……

没有编程经历的人，是永远无法感受到“亲手解决编程的一个个障碍，实现既定目标是多么快乐的事情”，“没有编程经历的人生不完整”。

至今仍然记得2009年，费了几天的时间，好不容易安装好新出的Ubuntu 9.10版本，发现竟然直接就能上C语言代码，而且终端上就能编译且运行；不仅如此，python的运行如此流畅，与操作系统的衔接如此“天衣无缝”，真是感觉发现了“新大陆”！当时“沉浸”于计算机软件应用及编程，作为业余爱好者，接触大量计算机软件，不仅如此，还在随后的相关项目中开发了Arduino、树莓派及传感器应用。

后来，发现Linux、R、Python最大的好处就是开源、共享、免费，想想这么多科研人员一直困扰于使用盗版软件，更加坚定了对这些软件的执着使用；同时，作者也希望读者多宣传开源软件的优势——人人共享、人人贡献、共同开发和提高，使更多的人受益，这是出版该书的初衷或者初心，让更多的非计算机专业的科研人员，能够走上使用开源软件收获成果的大路。

书中内容篇幅有限，有兴趣的读者可以参阅作者的头条文章，可以非常快速地找到大量的R、Python实战文章，作者会不断地更新、增加相关内容，让用户可以无条件享用其中的实现脚本；该头条的主题只有一个——“保持初心、支持开源软件，让更多人受益”。

作者于云影湖

2023年3月16日星期四